「妳怎麼又變可愛了？」

神崎恵

瑞昇文化

「咦？我是美女嗎？」

如果妳不經意這麼想，真是太好了。

只要自己能夠保持興奮的心情，
即可不斷的喚出
在妳體內沈眠的美麗。

看到路過的美女時，也許妳會憧憬
「那個人本來就是個美女……。」
會不會覺得自己不是美女，乾脆放棄了呢？
其實，那位美女只是用了一些簡單的技巧而已。

追求輕盈又老練的髮型，

只要用手梳理，把蓬鬆的空氣梳進頭髮裡就行了。

想要細膩又有深度的香氣，只要在睡前噴灑香水即可。

滑嫩的白晰雙腿也好，纖細的手也罷，都是靠小巧變出來的。

美女是「後天的創造物」。

本書要介紹我的獨門秘訣。
也會將我真心想要私藏的化妝品介紹給大家。

進入第1章之前，希望大家一定要記住
3個成為美女的基礎。

1、瞬間爆發力

偷偷學、嚐試的力量。
「那個不適合我。」
「我的年紀沒辦法。」
千萬不要擅自決定。
美麗的人會隨心所欲的更改自己的標準。
「那個好漂亮！」、「好想試試看！」
一旦有了這個念頭，下一秒就要嚐試，請保持這樣的心情吧！

2、視線

介意別人的視線，尤其是男性眼光的人，
變漂亮的速度將會加快。
將男人沒有的女性身體特徵發揚光大，
才是通往「美女」之路。
享受讓男性心動的過程。
享受自己的女性身份，
正是我私藏的美麗秘訣。

3、毅力

不管是模特兒還是女明星，每個人都會這麼回答。
「我每天都會做好保養工作。」或是
「雖然很想睡，還是會打起精神來卸妝。」
有的時候要靠毅力。

讀完本書之後，
應該會自然湧現女性的自信。
美麗也是靠自信養成的。
期待與興奮，才是迅速成長的關鍵。

「咦？我是美女嗎？」

喚醒沈睡在自己體內的美麗吧！

Contents

第1章 利用精心算計的破綻與率性變可愛

頭髮

香氣

第2章

肌膚和臉龐都要靠自己打造

肌膚保養

底妝

眉妝

唇妝

彩妝

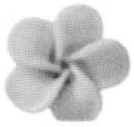

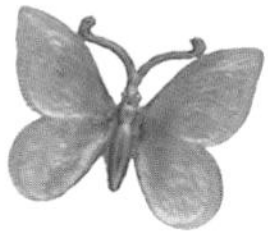

眼鏡

etc

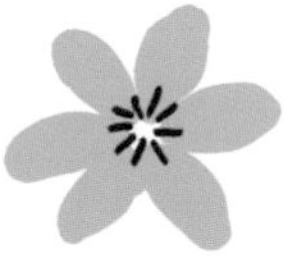

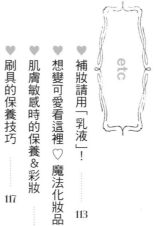

第3章

抱起來好舒服的軟綿身材
是人見人愛的女性專屬的才能

身體

第 1 章

利用精心算計的破綻與率性變可愛

頭髮

能不能當美女，取決於頭髮

& 香氛

香氣就是要藏起來才能刺激人性本能

Fragrance

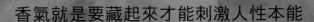

Hair &

擦身而過的瞬間，讓人忍不住盯著看的是

光澤透亮的頭髮

散發透明感的灰色激發對方的保護慾。
水潤光澤的粉紅色則是將對方玩弄於股掌之間的女人。
利用髮色，輕鬆變成妳心目中的美女。

暖色系

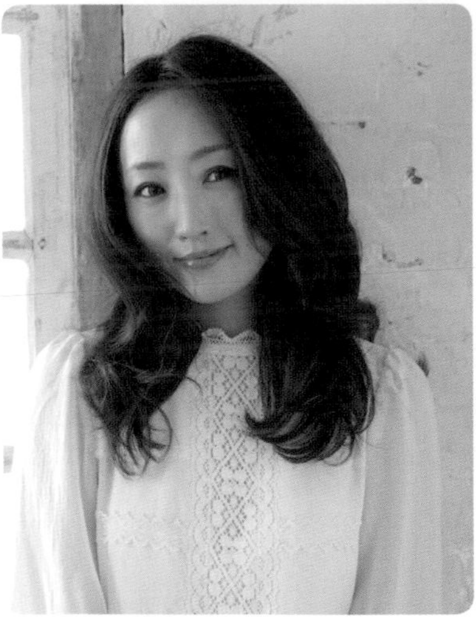

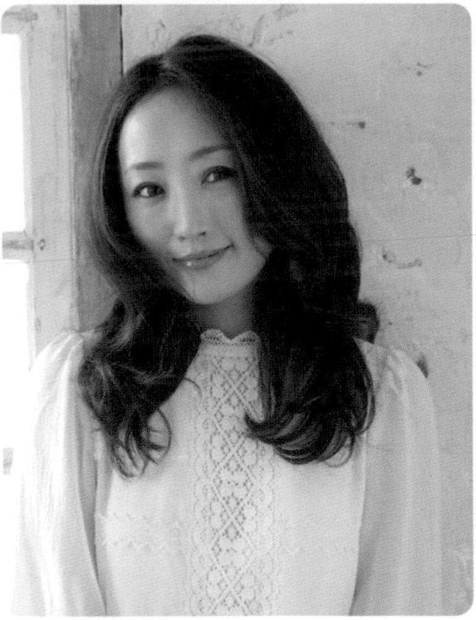

蘿蔔橘

暖色系的優點是襯膚色。瀰漫著小惡魔的氣息。

櫻桃紅

粉紅色散發些微性感，比橘色更加可愛。

髮色是左右氣場與膚色的重大關鍵

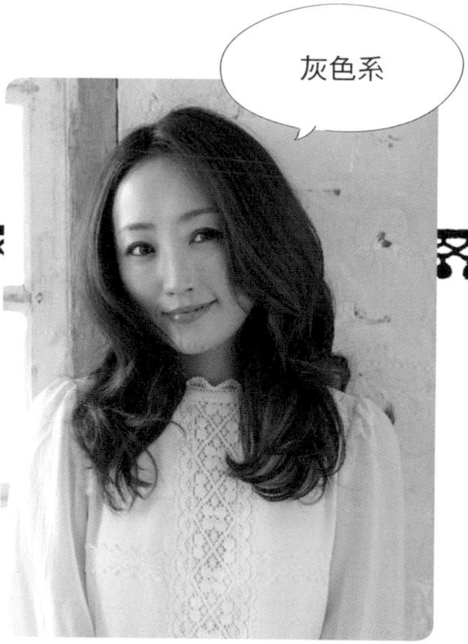

灰色

呈現輕柔的歐式氣息。會讓膚色偏暗，適合膚色比較白皙的人。

除了暖色系和灰色系之外，還有很多選擇。有些顏色可以改善氣色，有些可以改變整個人的感覺，請選擇最適合自己的顏色。

只要學會「分區」、
「頭髮的夾法」與「轉動的方向」就行了！

學會「捲法」
才是變美的捷徑

學會基本的捲髮方式，
連應用的捲法都能
輕鬆入手♡

將上半部的頭髮分區後，更容易捲到內層的頭髮。

從後面看
是這種感覺

學會捲髮方式，不管是混血兒風還是好女人風，全都能自己變出來。

不需要技巧的
亮澤秀髮

「這款會自動旋轉，連不太會用電棒的人都能捲出好看的捲度。」Queen Beaute Rolling Styler／私物

25～26㎜的電棒
最好用！

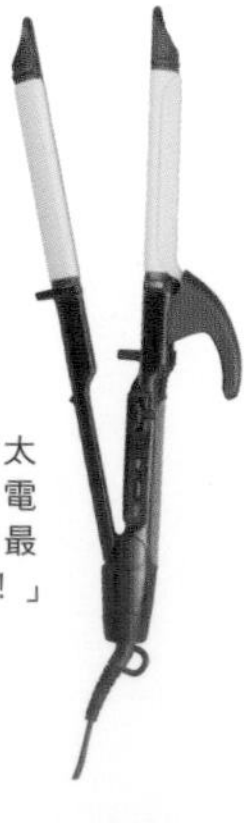

「不會太粗也不會太細，順手好用的電棒。第一支電棒最好選擇這種直徑！」CREATE／私物

先學會基本中的基本！

上課囉！
來學怎麼夾、轉、滑♡

都是非常簡單的動作，如果無法掌握這些動作，
就無法捲出誘人的美女捲度!!

1 將髮尾抓到前面，
電棒從根部夾起。

2 一邊往內捲，
一邊往髮尾的方向滑動。

3 輕輕滑過髮尾，鬆開電棒，
自然的捲度就完成了。

4 用手指鬆開捲度，營造女人味。

不做作的異國情調髮型，

輕飄飄的自然感

只要綁成一束，
看起來
也超漂亮

1 取臉周的髮絲，夾在電棒中間，以外捲的方式往上轉。

再夾一次

這是特寫

2 捲完之後，再由下往內捲，創造立體捲度。

3 捲完之後，再夾一次，往內捲一圈。

4 髮尾部分用電棒往內捲。

步驟1~5都是很明顯的部位，不可以偷懶

5 再取後面的髮束，捲法跟前面的髮束一樣。

6 夾住耳朵後面的頭髮，從根部滑到中間。調整平面。

耳後只要內捲就ＯＫ

7 從中間一直內捲到髮尾，最後慢慢鬆開。

8 另一邊也一樣，重覆這個步驟。

9 頭頂的髮絲先往上提之後，用電棒夾住。

10 捲到髮尾之後往下滑。這麼做可以拉高頭頂，展現蓬鬆感。

11 最後從頭髮內側梳開。營造豐盈與空氣感。

加強女性的美感
讓男性移不開視線

男生喜歡的捲髮教學

想要打動男人的心
應打造極大波浪捲
「看起來很普通
其實比普通還可愛」
兼具想要隨時陪伴的優雅、
純真可愛感
以及隱約的性感氣息

2 夾住頭髮，朝髮尾滑動。

1 這個髮型的重點是整體都要呈現大波浪的感覺。

3 夾住髮根，滑到中間之後，再把髮尾捲上去。

4 朝髮尾慢慢滑動。

5 輕輕鬆開電棒。

6

就是這種感覺

後面也要用內捲

7 其他的頭髮也用同樣的方式夾捲，全體夾成大波浪！

8 夾住頭髮……。

9 往髮尾方向滑！

一定要撥鬆、撥蓬！

10 手指伸進頭髮內側，輕輕撥開捲度，打造蓬鬆動感。

想要男生喜歡，還是女生喜歡，今天要做哪個妳呢？
在捲髮之前先決定吧！果斷的決心可以創造超越普通的美人。

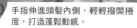

融合治豔與自然
散發出讓人不停觀察的
特別女人味

讓女人偷看的秘訣是幹練的「豔麗風」捲度

女生喜歡的捲髮教學

在眉毛旁邊的位置夾住，往上轉

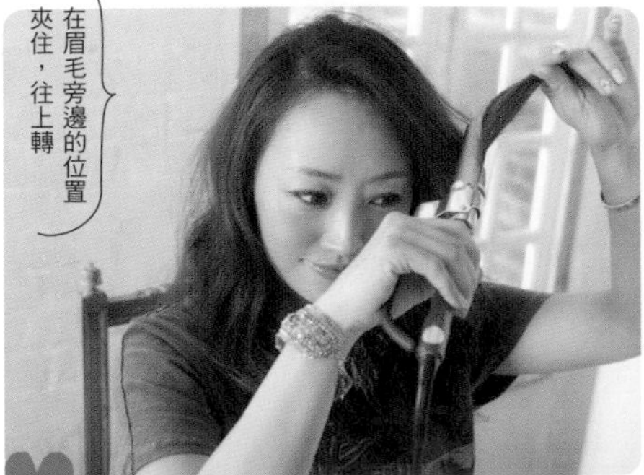

1 將瀏海分成3：7。從分量較多的那一邊開始，用電棒夾出捲度。

刻意製造角度的捲度
撥鬆後從空隙營造自然感

2 重新夾一次，捲完之後再往內轉一圈。

3 再夾一次，將髮尾收進電棒裡。

4 後面的頭髮也一樣，電棒夾在中間的位置，一直內捲到髮尾。

5 捲完之後再往內轉一圈。

6 另一邊也一樣，用電棒夾住頭髮中間，內捲到髮尾後再轉一圈。

7 一直重覆相同的作業，直到髮尾，最後把髮尾往內捲。

小技巧辭典

手是最棒的道具

時髦美人頭髮的協調感，絕不是用了什麼特別的技巧。只要稍微拉一下，稍微撥鬆一點，稍微拉蓬一點，就是確確實實的美人。學會讓髮型更協調的重點，讓別人說：「妳真的很特別耶～！」

【手梳】

手梳是最基本的原則。任何髮型都適用。

梳攏頭髮的時候不用扁梳，不要把平面收得太乾淨，增加隨性的質感！

◉重點

直髮的人，先用髮乳或髮蠟打底，更容易梳攏。

【倒梳】

後半部的頭髮一定要用梳子倒梳，梳子不要露出表面。

將頭頂的頭髮往上拉，梳子從中間梳到根部。

公主頭加上倒梳技巧，立體感加分。多了一些深度，提升小臉效果！

◉NG

在頭髮表面倒梳，看起來很不整齊，頭形也缺乏美感。

【局部拉鬆】

只要將三股辮子編的髮束局部拉鬆，就能呈現協調的感覺。

◉成品在這裡

◉重點

手指抓住橡皮筋，慢慢拉出髮束，保持平衡。重點是拉的時候要壓住橡皮筋。

【垂落的髮絲】

對著鏡子多加嚐試，找出適合自己的方式。

使用扁梳的話，就少了隨性的感覺。
綁好頭髮之後，用手指任意抽出一些髮絲。

◉成品在這裡

【拉鬆頭頂】

拉鬆頭頂的時候，避免往旁邊拉鬆。

壓住髮尾，從頭部後方的中心拉出髮束。頭頂有高度，看來更立體。

◉成品在這裡

Hair Recipe

1 倒梳耳朵上方的頭髮，綁公主頭。用髮夾固定髮尾。

2 不要破壞①的蓬度，將下面的頭髮梳攏至頭頂。

3 朝髮根的方向扭轉，將頭髮盤起。用髮夾牢牢固定髮根。以髮束遮住扭轉的部分。

4 取黑色緞帶，從後面穿到頭頂，綁起來。

Point 步驟3看起來很困難，其實不用太神經質，大概抓一下就行了。步驟4的緞帶效果非常好。

簡單又可愛！

Megumi's

居然只要

5 分鐘

教大家一個很簡單、效果很好的髮型。不管是任何時候，只需要幾分鐘就能大變身，是我私藏的髮型。

Recipe 1

側臉超美型

媚惑人心的挽髮造型

在造型之前，先將頭髮夾捲，才能塑造出好看的造型哦。怕麻煩的人，不妨燙個自然捲風的捲度吧！

出乎意料的簡單。
只要拉鬆後綁起來就行了！

居然只要
5 分鐘

Recipe 2

想繞到前面看清妳的真面目

教人讚嘆的緞帶裝飾

1 頭髮倒梳之後，在脖子的位置收攏，將側面的髮束拉出來。

2 不要破壞頭髮的蓬鬆感，用橡皮筋將梳攏的髮束綁起來。

3 將緞帶綁在橡皮筋上，讓長長的緞帶垂在身後，視線集中在背後！

Point 側面的垂墜度與心機的捲度，效果非常好。使用長一點的緞帶，不要綁蝴蝶結，故意讓緞帶垂落，這才是高級的技巧。

Megumi's Hair Recipe

Recipe 3

盡情感受夢幻風

甜入心窩的蜜糖髮型

居然只要

5 分鐘

Point

髮形的高度與大小，打造小臉效果與協調感。再加上糖果色的大寶石，營造甜美風格。

1 在頭髮綁一個馬尾。用手指從髮尾朝髮根倒梳。

2 將髮束分為前後兩束。髮尾往內側捲，以髮夾固定。

3 後面的髮束也用一樣的方法。重點是不要破壞蓬度。

4 在頭頂適當的位置加上髮飾，完成！

居然只要

1 分鐘

普通的三股辮

給人巴黎女孩的時尚感

Megumi's Hair Recipe

Recipe 4

非比尋常的可愛感

摒住呼吸的辮子編髮

20秒

1 用手梳將頭髮集中到左側，編成三股辮。

20秒

2 從三股辮拉出髮束，營造慵懶的感覺。

20秒

3 用細橡皮筋將髮尾鬆鬆的綁起來，整理一下形狀，完成了！

Point

尋常的三股辮，看起來這麼可愛的秘訣是打底。先將約小指一半寬度的少量髮束，以極細電棒從根部開始捲成小捲度，塑造蓬鬆的女孩感髮型吧！

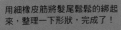

重點在於不要把頭髮盤得太緊。

居然只要 **8** 分鐘

Recipe 5

存在本身就很「特別」

流露性感的復古造型

1 取右側髮束，壓住根部，從髮尾開始扭轉。

2 盤起來像這樣。

3 將髮束捲起來，用髮夾上下左右交叉固定。

4 後面的頭髮，從右側朝左側扭轉。

5 一直扭轉到耳朵上方，將髮尾盤成圓形，由髮夾以十字方式固定。

Point

在上手之前，想要整理出形狀有一點困難，順手之後，就能掌握扭轉的力道、固定的位置了。別忘了要保持恰到好處的蓬鬆感。

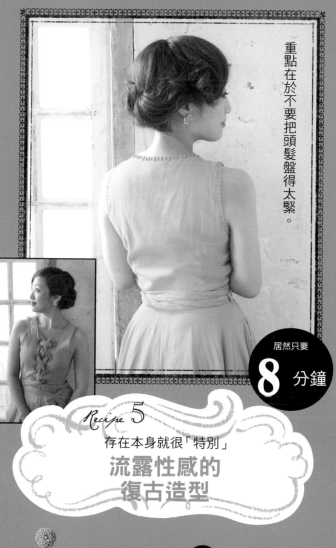

流露成熟的性感與游刃有餘，
不必用電棒，
簡單的扭轉固定波浪捲。

只要
1根髮插
就OK

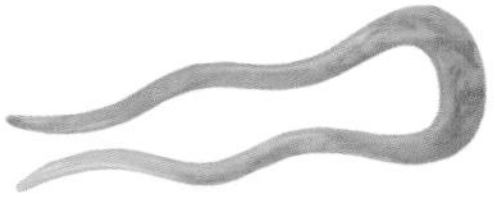

髮型
番外篇

不想用電棒的日子，也要漂漂亮亮!!

「扭轉固定」打造有如自然捲的大波浪

用水沾濕

1 用水輕輕沾濕頭髮中間到髮尾處。這個動作更容易塑造頭髮的捲度。

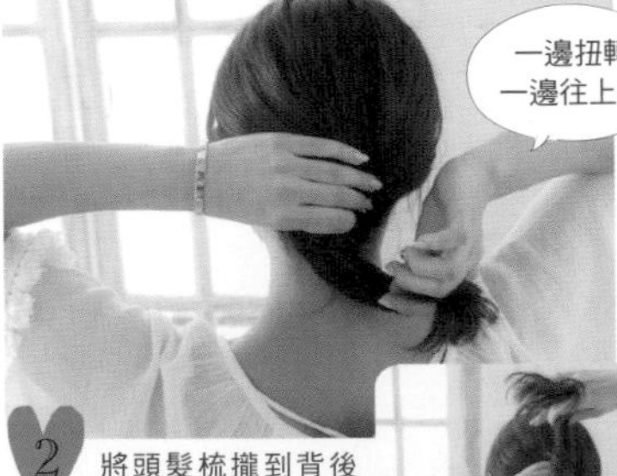

一邊扭轉
一邊往上盤

2 將頭髮梳攏到背後較低的位置，朝頭頂方向扭轉、往上盤起。

由下往上插，
再由上
往下固定

3 依照箭頭方向，以翻轉的方式插上髮插，維持30分鐘，直到頭髮全乾為止。放下來就成了大波浪捲！

Point

捲度會隨著扭轉時往上盤的高度而異。
不妨多嚐試看看吧！

每天都要當美女！

「臉周的髮絲」是美女與醜女的分水嶺

臉周的髮絲，是直接影響臉部印象的重要區域。只要利用電棒，即可穩定的展現自己可愛的一面。

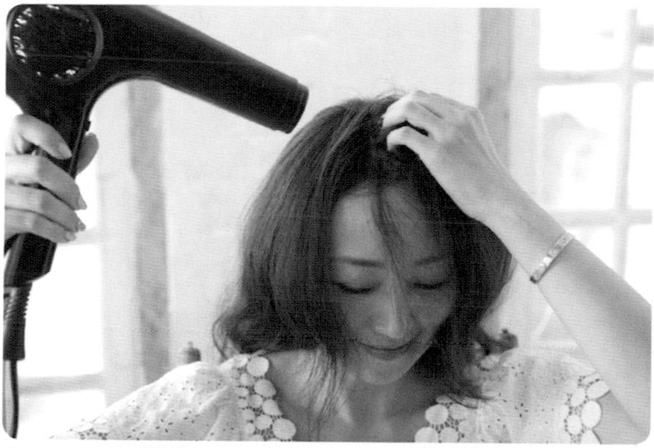

1

上電棒之前，先以髮根為中心，沾濕頭髮，再用吹風機吹整分線。

2

由上往下吹，用圓梳整理瀏海表面。撫平表面的凹凸。

3

用電棒夾瀏海，從髮根往髮尾滑動。亮亮的瀏海出爐了！小心燙傷。

今天是純真的直髮♡

打造一頭飄逸有光澤的直髮!!

自然捲的我
也能做
直髮造型

不會太俐落

關鍵是
自然蓬鬆

自然
飄逸

1

沾濕頭髮之後，用吹風機由上往下吹乾。吹頭髮的時候，要順便把頭髮拉直。絕對不可以由下往上吹。

2

頭型的邊角部分，吹乾的時候要用梳子壓平。如果邊角部分的頭髮往外蓬，會顯得頭很大。

3

由上往下梳，以髮梳整理頭髮的表面。後面分區吹整，比較容易整理。

4

用較粗的電棒，將頭髮往內夾。

5

另一個重點是邊角部分。將在耳朵前面的邊角頭髮，用電棒往外捲，捲到一半改用內捲。

趕跑忙碌早晨的醜女氣場！

超簡單編髮

1 在單側取少量髮束。

2 加股辮一直編到耳朵斜上方，接下來編三股辮，用橡皮筋固定。

3 另一邊也用同樣的方式編髮。

4 分別用夾子固定在另一側的編髮上。

Arrange 1

散發清純氣息

編髮花冠

1 先捲好頭髮，塗抹質地比較軟的髮蠟。

2 將頭髮大致分為2：8。

3 編三股辮，用橡皮筋固定。

4 拉鬆髮束。

Arrange 2

利用8：2的寬鬆編髮展現性感

成熟的自然風髮型

越編越美麗

各種髮型分享

編髮的關鍵在於想像力。實際編髮之前，先想像自己的模樣，多方嚐試吧！

運用小物

故意拉鬆盤髮，
呈現成熟風情。

包包頭只要加上裝飾，
看起來就像花了很多心思。

重點是垂落的髮絲。
份量可以改變妳的印象。

只要纏一條頭巾，
馬上就有流行感。

有了可愛的髮色，
綁馬尾也時尚。

將編髮拉鬆，加
上一點慵懶氣息。

用髮夾固定就
很可愛♡。

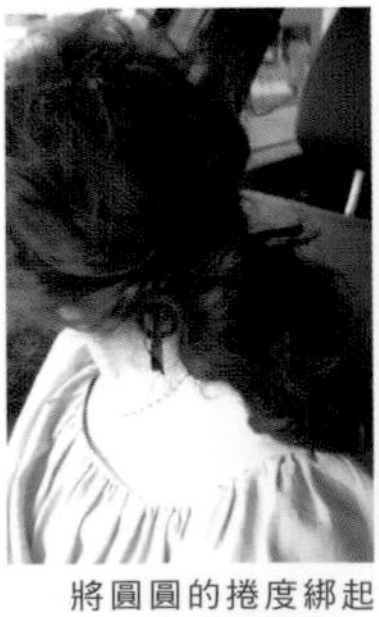

將圓圓的捲度綁起
來，是法國電影風。

重點是隨動作搖曳
的瀏海。

綁髮
編髮

將大髮飾綁在耳朵下方，
很時尚。

輕飄飄的女孩風，
綁馬尾就行了。

綁在脖子的部位，遮
住耳朵，相當古典。

手梳感呈現的達人
氣息。

學會「編髮」，變
化無限。

戴上耳環再拉一
些垂落的髮絲，
看起來更協調。

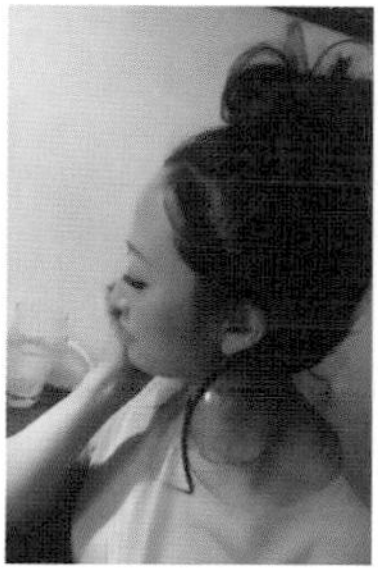

包包頭的時尚位
置在耳朵上方。

故意弄亂的髮束。
看起來像快要鬆開
了，這樣才可愛。

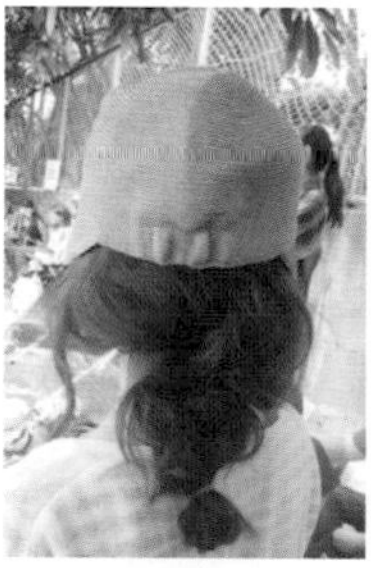

編髮之後隨性
拉鬆。

戴帽子的時候，先照
鏡子喬角度。

捲成小捲度，再綁一
條緞帶，看起來就很
迷人。

頭皮保養

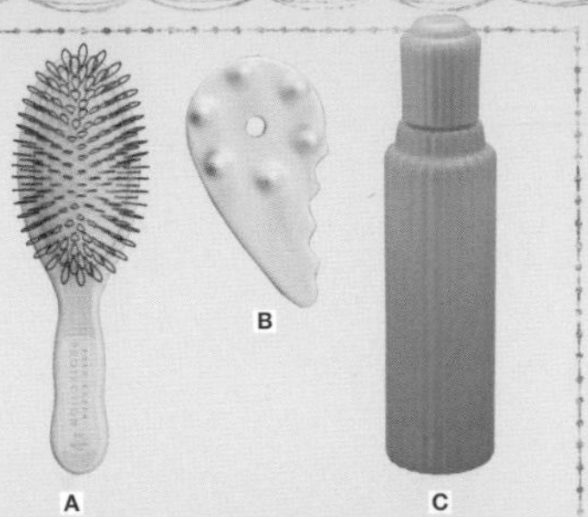

A「每天晚上都要梳頭，放鬆頭皮，促進頭皮的血液循環！」ACCA KAPPA 專業髮梳Protection Scalp NO.946／W and P（台灣未發售）

B、C「放鬆累積的僵硬與疲勞，舒緩心情。軟化頭皮，非常舒服。」美活沙頭部按摩板、美活沙頭部按摩液／皆為AYURA（台灣未發售）

A「每星期使用2次，即可增加髮絲彈力。也可以在吹乾頭髮後使用，代替髮乳。」Wild Grace Daily treatment mask／SHIGETA（台灣未發售）

B「當頭髮失去活力時，只要抹上這個，馬上就能找回光澤與彈力。我好喜歡它的香味。」優油高效修復髮膜／Moroccanoil

髮膜

好想摸摸看

隨時都要一頭「飄逸」秀髮

頭髮的目標是光澤、滑順、柔軟、飄逸。完全不需要為了自己原本的髮質放棄這些目標。最重要的是找到改善髮質的產品。

洗髮精&潤髮乳

A　B　C　D

A、B「彈力十足的泡沫，讓髮絲更滑順。含蜂蜜成分，洗完之後，頭髮滋潤有光澤。」白色花束洗髮露、白色花束護髮露／皆為HACCI

C、D「讓營養遍布髮絲，吸飽養分的感覺好棒哦。優雅的香氣也很迷人。」Wild Grace 洗髮精、潤髮乳／皆為SHIGETA（台灣未發售）

免沖洗護髮

「乳液狀的護髮產品，好吸收。夜晚塗在頭髮上，早上醒來頭髮好滋潤！」靜夜馥活凝乳／卡詩

「吹髮前、頭髮乾燥的時候塗」。頭髮會變得滑順好梳理。已經算不出回購幾次了！」絲光柔馭露／卡詩

「長時間外出、露營時的必備品。可以保護頭髮免於紫外線的傷害，非常可靠。」Soleil Huile Genereuse／卡詩（台灣未發售）

「質地輕爽，不黏膩。護髮的同時，還能強化髮質。」摩洛哥優油／Moroccanoil

「撫平毛燥，呈現絲緞般的質感。直髮、捲髮都一樣優雅。」史帝芬諾爾系列 保濕修護髮粧水／Kose

我也有洗髮精廣告般的光亮質感♡

利用造型魔法，每天變化不同的面貌

利用造型魔法，每天變化不同的面貌「她一定是天生的美人。」讓別人這麼想的正是造型的威力。只要運用這股魔法，365天全面無敵。

自由自在的做造型，也能擁有「我是美女」的自信

梳子

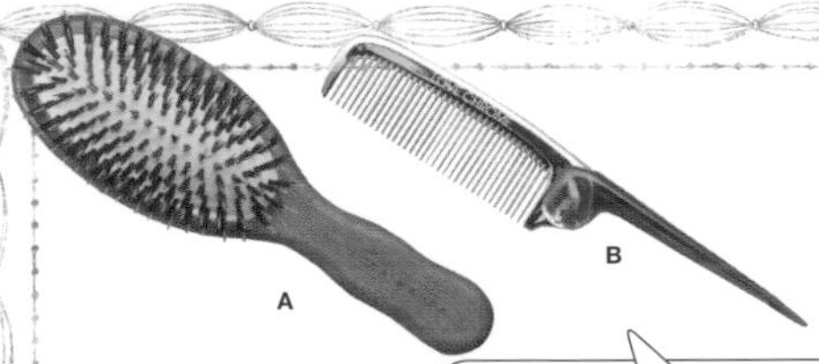

A「深入髮絲，梳到每一個角落。秀髮更有光澤！」ACCA KAPPA 專業髮梳Pneumatic Bristles NO.951／W and P（台灣未發售）

B「折疊式，攜帶方便。可以逆梳、分線、梳整表面等，用途多元。」LOVE CHROME Tia Compact Chrome／YC. Primarily（台灣未發售）

髮粉

「輕輕灑在頭頂，用吹風機吹整，同時往上拉，即可在頭頂拉出高度，打造美麗的線條。」OSiS Dust it 蓬蓬粉／Schwarzkopf 施華蔻

髮蠟

A「想要把捲度比較大的瀏海細毛收乾淨的時候，這瓶髮蠟很好用。束髮的時候也很好用，還能讓頭髮閃亮亮！」提碁 動感速型膏／TIGI

B「這款可以重現有如外國小孩般蓬亂的自然捲度。」香草甜橘造型霜／John masters organics

C「持久力強，卻保持輕盈與彈性。用搓揉的方式抹在捲鬆上。」loretta 造型髮蠟 4.0 ／Motto Bene

髮霧

A「捲完頭髮之後噴這一罐。可以塑造空氣感！又不會太硬。」BS styling BOUNCY SPRAY／ARIMINO（台灣未發售）

B「捲髮前先噴這瓶，捲度超漂亮。可以捲出像外國人那種隨性的質感。」Brilliant Hold Hair Spray／Aveda（台灣未發售）

C「捲髮前噴上，可以捲出蓬鬆柔美的捲度。持久力也很強！」Nigelle Lafusion Light Fog[美髮沙龍專賣]／Milbon（台灣未發售）

D「讓頭髮更豐盈，散發女性魅力。可以表現夢幻的蓬度。」Percy & Reed Wavy Texturizing Spray／Styla-Questland（台灣未發售）

E「賦予秀髮最高級的光澤，閃耀迷人！隔絕乾燥與紫外線傷害，非常好用的產品。」優油閃亮噴霧／Moroccanoil

觸動心靈的香氣

香氛 隨著「使用部位」變化

若有似無
迷惑人心
充滿「秘密濕度與危險性」的香氣

噴完之後，絕對不可以摩擦!!

噴香水的時候，距離20～30公分。接下來稍等一下，等到刺鼻的酒精味散去。這段「等待時間」才是讓香氣迷人的秘訣。

花點心思
思考噴香水的
部位。

特別的夜晚，
噴在頭髮上。
香氣會隨著
體溫上昇
而飄散。
噴在脖子上，
擁抱時，
秀髮搖曳時，
都會飄出
香氣。
想要追求性感，
一定要噴在胸部下方。
噴在體溫比較
高的部位，
宛如肌膚
自然散發的
氣味。
出乎意料之外的背上。
脫下大衣的瞬間，
或是穿著
露背禮服時，
都會
散發香氣。
噴在內衣上，
藏在蕾絲
和肥皂之中。
每次穿上
全身都
香香的
開車出遊時，
噴在大腿內側、
膝蓋後方、腳踝。
每次翹腳時，
都會散發
香氣。

用這些香氣刺激感官

噴上使人迷醉的香氣

香氣不但能讓自己變身，還是一種能將對方的心玩弄於鼓掌之間的禁藥。別只顧著噴香水，挑選香水時，應該配合自己的形象，以及如何打動對方的心靈。

擦身而過時奪去心魂的香氣

妳噴的是什麼香水？已經被問好幾百次了。

「想要給人留下印象時，別猶豫了，就是它。不容易撞香。」Bond No. 9 Scent of Peace／Bluebell Japan（台灣未發售）

「鮮嫩可愛的香氣，用於想要展現不同風貌的時候。瓶子非常漂亮。」小親親淡香水50mℓ／Annick Goutal（台灣未發售）

「有如剛洗好的衣服般，清爽的香氣。想要當個純潔無瑕的女性時，不如噴它吧？」Warm Cotton淡香精60mℓ／CLEAN

捨不得放下妳永遠的女性香氣

倍受眾人呵護

「鮮嫩欲滴的玫瑰香氣，給人楚楚可憐的印象。適合每一個女性。」絕對玫瑰女性淡香精50mℓ／Annick Goutal

「不會太甜，也不會太膩，恰到好處的優雅比例。適合想當個淑女的時候。」瓦倫緹娜女性淡香精80mℓ／VALENTINO

身心都拜倒的床邊香氣

一睜開眼
就看見美女

「聞起來中性，又有點女性化，是一種不可思議的香味。真的有愛的氣息♡」愛在 Chloe 花漾女性淡香水 50mℓ／Chloe

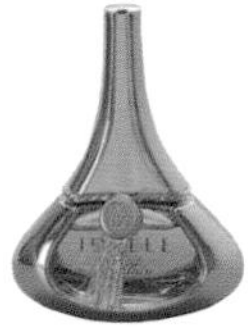

「這個香味真的是所謂的床邊香水。天黑之後再噴，最適合熱烈的夜晚了。」Idylle 甜蜜情人香精 11mℓ／Guerlain（台灣未發售）

噴上就能湧現女性自信的香氣

噴了之後
特別受歡迎

「刺激女性荷爾蒙的玫瑰香氣。也可以當室內香水。」Nicolai Bergmann Sahara Rose／floral notes（台灣未發售）

「不需要疊擦，本身氣勢就夠強的香水。我覺得每個女生都要有一個自己的香味，對我來說，這就是我的香味。元祖，我的香水（笑）。」寶格麗玫瑰花香女性淡香精／私物

想與妳共度一生會被求婚的香氣

噴了這瓶之後
被求婚了

「有如朝露般清新又水嫩的香氣。適合想要展現純真氣息的時候。」Elisabethan Rose Eau de Toilette 100mℓ／Penhaligon's（台灣未發售）

「我很喜歡這款會讓人聯想到初戀的青澀香氣。也可以疊擦玫瑰的香氣！」同名女性淡香水 50mℓ／Chloe

散發自己的專屬氣場

專屬的香味，使妳成為「特別的存在」

疊擦香水的技巧在於
兩種香味中要有其中一種花香同調

無花果與黑醋栗

黑莓與月桂葉

橙花

紅玫瑰

肉豆蔻與薑

青檸、羅勒與柑橘

疊擦香水時，如「紅玫瑰與Chloe的玫瑰女性淡香水」，選擇雙方有共通花香味的香氛，味道才不會太複雜，聞起來舒爽宜人。疊擦的香水可以選擇簡單的氣味，更能讓香味餘韻無窮。

「每一種都是簡單、直接的香味。疊擦時不會影響到彼此的香氣，反而能加深韻味。擦上自己專屬的香味，既新鮮又有趣！」各100㎖／JO MALONE

補香

大約每4~5小時應補一次香水。擦在上半身容易使香氣過於濃烈，只要在下半身的某一部位噴一下即可。擦在離鼻子比較遠的地方，香氣比較柔和。此外，絕對不要擦在悶濕或是容易滋生細菌的地方。

如果想要香氣持久，夜間可以補擦在白天上擦過的地方。想要製造繚繞的香氣，可以將香水加進身體乳液中，於睡前塗抹，第二天早上再將香水輕噴在同一部位。這麼做感覺就像妳身上自然散發的香味。

晴天的擦法

基本上要擦在太陽照不到的地方，如衣服下方。太陽曬到香水時，容易形成斑點。基於同樣的理由，噴在衣服上也容易留下污漬。請發揮妳的巧思，擦在陽光照不到的地方吧！

雨天的擦法

雨天空氣比較不流通，氣味也比較悶。如果用了晴天的擦法，可能會讓香氣過於濃烈。請減少份量，噴兩下改成噴一下，或是擦在下半身等。

香味的完美時間帶

濃烈的前調是讓人變醜女的香氣。最好在外出三十分鐘前事先擦好。目標是最後的後調。後調會讓人覺得美人連香氣都讓人迷醉，從身體散發出來的感覺。

- 5~10分鐘　前調
- 30分鐘~2小時　中調
- 2小時以後　後調

關於秀髮
不管是收成束
或是捲起來
重點都是
充滿空氣的蓬鬆感

第 2 章

肌膚和臉龐都要靠自己打造

肌膚保養

肌膚之美永無極限♡
從肌膚內側煥發自信與美麗

化妝讓妳脫胎換骨

變身為理想的臉龐♡
私藏的彩妝魔法

Make-up Skincare

清潔是美肌與醜肌的分岐點

零斑點、細紋、鬆弛的肌膚，關鍵在於**卸妝**和**洗臉**

當天的污垢應該當天溫和卸除。清潔一定要徹底，
連痘痘、毛細孔都不見了。

杏仁油
卸妝後的肌膚
超Q彈

「洗淨力強，對肌膚卻很溫和！即使化濃妝，連毛孔深處都能洗得一乾二淨。」平衡潔顏油／THREE

「我會用它來卸除日常妝。不會對肌膚造成負擔，還能洗淨彩妝與污垢。」淨白水潤潔膚乳／Trilogy

「卸完妝的肌膚，好像已經做完保養的感覺！奢華的瓶身，每次使用都好開心。」純晶荷花清潔SPA卸妝霜／嬌蘭

「用起來真的很舒服，洗完後肌膚好柔軟。連濃妝都能卸得一乾二淨。」Exage Emollient Cleansing Cream 170g／ALBION（台灣未發售）

濃妝日 → 眼唇卸妝 → 卸妝油 → 卸妝霜 → 卸妝乳 → 卸妝蜜 → 卸妝水 → 淡妝日

卸妝大原則是「不可以傷害肌膚」！

配合妝的濃淡選擇適合的卸妝產品，可以減輕肌膚負擔。輕柔洗淨污垢與老廢物質，才能讓妳擁有美肌。

> **NG!**
>
> 卸妝紙巾與擦拭型
> 對肌膚的打擊超大！
> 摩擦容易在肌膚表面留下
> 細小的傷口，形成斑點、皺紋
> 或鬆弛下垂。把肌膚當成
> 「嫩豆腐」，輕柔呵護

起泡量差不多是這樣！

彈力十足的泡沫，
可以帶走老廢角質

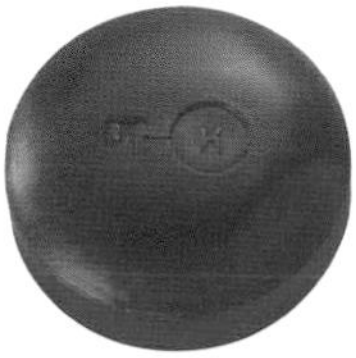

「質地清爽，最適合夏天使用。使用後可以收斂毛孔、減輕肌膚的黏膩感。」K Cocktail V Premium Soap／Dr. K（台灣未發售）

泡沫吸附污垢，
讓肌膚無瑕輕透

「想要將肌膚的狀態歸零，這款最好用！我很喜歡THREE簡單、純淨的感覺。讓妳的膚質越來越好。」平衡洗顏皂／THREE

含大量保濕成分，
洗淨並收斂毛孔

「輕輕鬆鬆就能搓出柔細泡沫。連毛孔深層都洗得很乾淨。」黛珂AQMW洗顏皂（補充）／Kose

濃厚的泡沫包裹肌膚，打造
柔軟、豐潤的透明肌

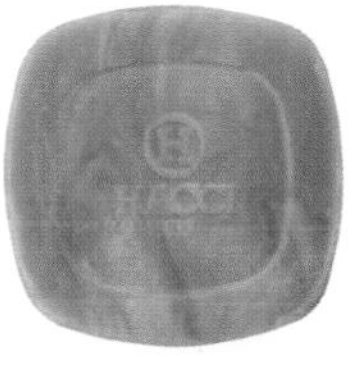

「蜂蜜的香氣，洗淨疲勞的肌膚與心靈。我喜歡滋潤的質地還有復古的外型！」蜂蜜洗顏皂／HACCI

手工製造的
奢華肥皂！

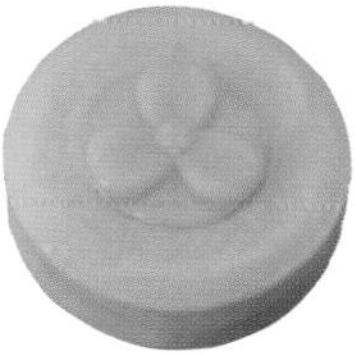

「洗完之後臉馬上亮了一個色號！溫和洗淨，對肌膚無負擔。」Treatment Cleansing Soap／AMOREPACIFIC（台灣未發售）

NG!

追求洗淨時的滋潤感，
反而會造成
多餘的油膜
殘留於肌膚上。
也會影響後續的保養……

洗臉的時候
只要專心洗淨污垢即可！

美肌需要的成分，都可以在後續的保養時補充，洗臉時只要考慮到把污垢洗乾淨就行了。最好選擇沒有多餘添加成分的肥皂。專注於「不要殘留多餘污垢」，自然讓妳接近美肌。

保養的時候，與其計較工具「怎麼吸收」才重要

只是塗在皮膚上，肌膚根本不可能變漂亮。
關鍵在於「每個步驟都要完全吸收」。

1 用手心輔助較寬的平面吸收，如下巴或額頭。重點是緊密包覆，讓保養品充分吸收。

2 臉頰也是一樣，用手心充分按壓。提高溫度，加速保養品滲透。

3 輪廓和嘴角是容易漏掉的部分。請用指腹將保養品送到每一個角落！

4 鼻翼旁邊等細部，訣竅是使用指腹。將潤澤成分推勻。

5 眼周的皮膚比較薄，動作要輕柔。用指腹輕點，滋潤眼周。

上保養品的時候，一定要利用手心的溫度，將保養品送進肌膚深層，否則再貴的保養品都無法發揮效果。有吸收才能算是保養。

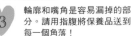

QQ、嫩嫩、滑滑

讓人忍不住想摸一下的滑嫩肌膚是這麼來的！

只知道塗在臉上，只知道多擦幾層。這麼做只會浪費時間和金錢。化妝水、精華液、乳液、面霜……，先理解它們的作用，效果真的差很多！

1 先用油類喚醒

保養要先從油類開始。
置於手心溫熱後推勻。軟化肌膚！

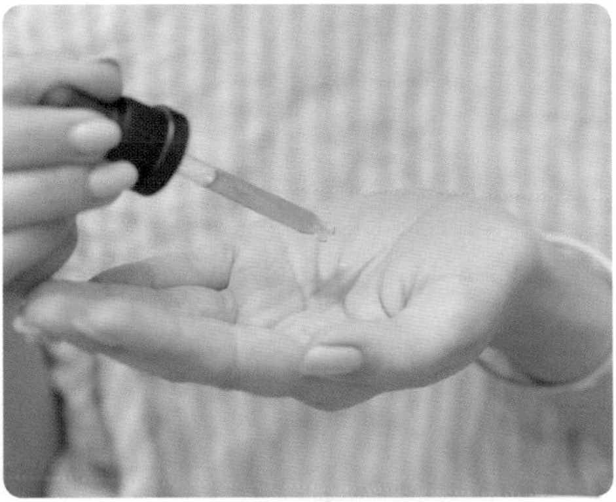

2 化妝水要用化妝棉＆手

先用化妝棉在全臉上均，接下來再用手輕輕拍打，再上一層，促進後續美容成分的吸收。

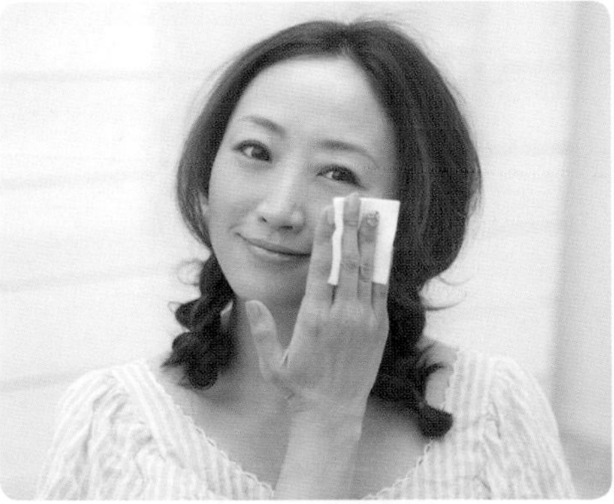

3 精心挑選精華液！

精華液的成分就是保養的主角。用手心按壓與加熱，提升滲透力，送進肌膚深處。

感到肌膚乾燥時，可以疊擦面霜，鎖住美容成分＋美肌。視當天的狀態搭配！

4 用乳液或面霜鎖住

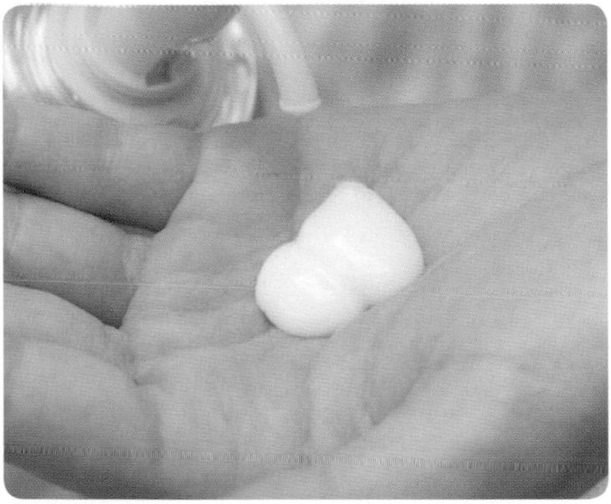

乳液用來鎖住美容成分與水分。
有點像壓力鍋♡

化妝水的作用是開啟保養品的通路，乳液與面霜則是鎖住美容成分。為了讓美容成分直達肌膚深處，思考每一種產品的作用，帶來更好的效果。

精華液能讓肌膚更美麗，是必備保養品。使用效果直逼精華液的面霜也OK。如果妳只用化妝水保養的人，我大力推薦這瓶，馬上把它加入精華液或面霜裡!!

最應該投資的是精華液或面霜

美白、抗老化、保濕……依照自己的問題，選擇適合的保養品。

精華液

最可靠的第一名，當然是精華液!!

持續使用後，外觀與觸感都改變了！

「已經回購好幾瓶，是值得信賴的精華乳液。緊緻、彈力和光澤都回來了，讓我對自己的裸肌更有自信。」肌源新生活膚霜80g／SK-Ⅱ

植物的自然發酵成分，讓肌膚明亮、煥發光采

「讓妳的肌膚細緻、濕潤。幾乎要黏著手心不放的質感，正是我所追求的理想膚質！」SP Essence 80mℓ／SU:M37°（台灣未發售）

活性EGF 加強抗老功效

「混2、3滴在精華液裡，肌膚的彈力會變得很好！還有拉提與緊緻毛孔的效果。」EGF-BOOST／SKIN SECRET（台灣未發售）

迅速滲透，還妳清淨裸肌

「消除臉部暗沈，肌膚明亮、透明。保濕效果也無話可說！」激光極淨白淡斑精華30mℓ／Kiehl's

消除暗沈，白皙透亮！

「剛開始用的那幾個星期，真的可以感到肌膚的變化。這項產品可以提升後續的保養效果，算是輔助性產品。」超進化肌因賦活露30mℓ／蘭蔻

化妝水

化妝水開通美肌之路！水嫩的膚質，溶化妳的肌膚與心靈♡

有機玫瑰緊緻肌膚！

「質地比較濃稠，可以用來拍打肌膚！賦予乾燥的肌膚潤澤，讓肌膚喝飽水份！」野玫瑰保濕化妝水／WELEDA（台灣未發售）

調整紋理，飽滿有彈力

「這款化妝水能讓人感到飽滿的彈力。感覺連肌膚的細胞都好飽滿。香氣也很迷人。」Impress IC深層淨白化妝水／Kanebo

懾人心魂的耀眼肌膚

「用起來很舒服。想要肌膚多一點元氣的時候，我會選這一瓶。肌膚和心靈都覺得鬆了一口氣，感覺很棒。」保濕香精爽膚液（趨乾性）／YON-KA

精華液級的潤澤，肌膚水嫩Q彈

「肌膚飽滿的感覺，會讓人上癮。用化妝棉大量沾取後濕敷，是我的每日任務。」illume Moist Capture Essence Water 150mℓ／Max Factor（台灣未發售）

肌膚吸飽水分，紋理細緻的美白化妝水

「化妝水居然有這麼強的美白效果，讓人大吃一驚。用完一定會再回購。」激光極淨白機能水／Kiehl's

乳液

乳液讓肌膚更Q彈。更具透明感♡

暢銷商品專有的穩定與安心感

「肌膚好Q彈。」活潤透白超晶能滲透乳Ⅲ 200g、活潤新肌能滲透乳Ⅲ 200g／皆為ALBION

導出肌膚原本的力量，保護健康裸肌！

「效果媲美精華液的精華乳液。我通常用在想要展現自信的時候，或是活動前的加強保養。」全能乳液125mℓ／希思黎

植物油舒緩肌膚，將潤澤送至深層

「清爽又水潤的凝露狀乳液。用於日曬後等想要修護肌膚的時候。」Herbal Skin Treatment Milk Gel／chant a charm（台灣未發售）

用起來像精華液，滲透力超強的乳液

「雖然觸感輕盈，保濕效果真的很好。還能療癒心靈，是不可或缺的產品。」賦活水凝乳／THREE

about

面霜和乳液的差別在於油分與水分的比例

乳液的油水平衡比較接近我們的皮膚。面霜的油分比較多。可以依照部位、狀態、季節分別使用，也可以同時使用。

面霜

面霜含強力美肌成分，還能溫和滲透，教人不愛也難♡

早晚使用，肌膚充滿活力

「早上的玫瑰香氣讓人充滿幹勁，晚上則修復肌膚。用起來很滋潤。」天然時光無痕緊緻晚霜、天然野玫瑰撫平日霜／皆為WELEDA

有效對抗老化！

「第二天早上洗臉的時候，觸感超滑順！還有彈力與緊緻效果。」肌源新生特潤精華霜 50g／SK-Ⅱ

拯救肌膚，我的救世主

「任何膚質都能使用的面霜。保濕效果強，還能加強肌膚的狀態。」經典乳霜／海洋拉娜

彈力、緊緻的效果超強！

「改善鬆弛肌膚，讓肌膚明亮、充滿彈力！滑順好推的質地也很棒。」Prodigy Night Cream／Helena Rubinstein（台灣未發售）

拉提與透亮肌膚！

「用過都會愛上它！肌膚緊緻拉提，宛如新生。讓人更期待保養時光了。」B.A The Cream 30g／POLA（台灣未發售）

夜間修復，找回肌膚光澤

「用起來非常滋潤。讓肌膚Q彈滑嫩。雖然價格貴了一點，卻是物超所值。」CHICCA Blissful Night Cream／Kanebo（台灣未發售）

頂級潤澤，肌膚光采迷人！

「用起來非常滑順，改善肌膚，連心情都變好了。這是我激勵自己的強心劑。」蘭鑽黃金生命力滋養霜／嬌蘭

讓肌膚光澤、滑嫩！

少少幾滴油改變妳的人生

讓女孩人生劇烈改變的，不是男人，不是戀愛，也不是結婚，而是油的力量。

做出荷包蛋！

混合
乳液與油！

乳液與油的比例為4比1。只要在臉部與胸頸部位推勻，就能打造鮮嫩欲滴的光澤肌！

光澤又閃亮的肌膚！

「混合這兩瓶。肌膚飽滿，緊緻有彈力。」容光煥發美顏精油、玫瑰公主美顏按摩油／Shigeta

實現彈力十足的飽滿肌膚！

「這瓶可說是讓我愛上油類保養的產品。肌膚變得滋潤、柔嫩，小細紋也不明顯了！」多元香精油／YON-KA

長效滑嫩Q彈

「睡眠時修復肌膚。毛孔比較不明顯，即使睡眠不足，肌膚一樣活力滿點！」深夜奇肌修護精露／Kiehl's

呈現耀眼、美麗的彈力肌！

純粹玫瑰果油／Trilogy

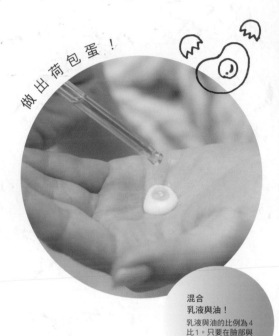

加入保養步驟中，肌膚滑順、Q彈、透亮
混入化妝品中，打造零毛孔的發光肌
加進身體保養，讓人忍不住想摸一下的綿軟誘人肌膚

塗在胸頸，
強調骨骼！

「我最愛的玫瑰香氣，感覺好奢華。女人味加分！」
Creme de la Rose Rose Oil／Chloe
(台灣未發售)

斑點、細紋長出來就消不掉……！

斑點、細紋、鬆弛是這樣**消除**的!!

斑點、細紋、鬆弛，關鍵在於形成之前，形成之初的保養

斑點和細紋，與其想「該怎麼辦」，一定要抱著「絕對要消掉！」的意志，用保養淡化這些問題。立刻加入確實有效的保養品吧！

看清真相……！

先準備一面 12倍鏡 每天一定要檢查

「我會用12倍鏡來戒備。可以確認皮膚的各個細節，不會錯過任何變化！想要預防問題，先從了解肌膚開始！」／神崎惠獨家設計鏡子

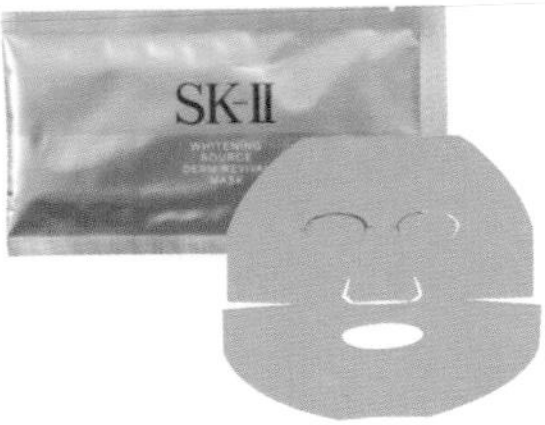

「敷完臉之後，膚色可以亮兩個色號。」晶緻煥白瞬效智慧凝面膜6片裝／SK-Ⅱ

「曬黑的時候，每天都要敷臉。斑點與色差變淡了，找回透亮肌膚。」驅黑淨白EX面膜6包／資生堂

效果驚人的小臉面霜

「消除水腫，緊緻輪廓，所以輪廓更深邃！當然也有小臉效果。」超V型緊塑精華／克蘭詩

「排出多餘物質，打造俐造小臉。除了緊緻輪廓，還有放大眼睛、鼻子變挺的效果。」B.A按摩霜／POLA（台灣未發售）

「這款面霜質地濃稠，卻能與肌膚密合。排除惱人的水腫，集中修護鬆弛。變身為俐落的小V臉！」B.A RED按摩霜／POLA（台灣未發售）

推薦保養品

「簡單方便，最適合時間不夠的時候。在單調的保養中，加入這種變化的產品，讓人更起勁！」est Whitening Esthe／花王（台灣未發售）

「塗在臉上會變成泡沫狀的乳霜面膜。吸除暗沈，洗淨後肌膚馬上白一個色號！」WA面膜／SU:M37°（台灣未發售）

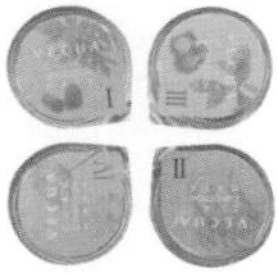

「使用後肌膚非常透亮。泥狀面膜可以看出明顯的透明感，所以我很喜歡！」Clay Condition Mask Ⅰ、Ⅱ、Ⅲ、Ⅳ各／VECUA（台灣未發售）

「肌膚再生緊緻彈力，緊繃的感覺超棒。斑點也變淡了，而且效果立現。」C-Quence 4／ENVIRON（台灣未發售）

「不會結痂，不需要復原期。雖然有一點刺痛感，效果超讚。」Skin Aging Care Laser／Tria Beauty Japan（台灣未發售）

「用力推滑臉部僵硬與水腫，感覺好舒服。覺得肌膚有點暗沈的時候就會使用。」粉晶刮板／日本刮板協會

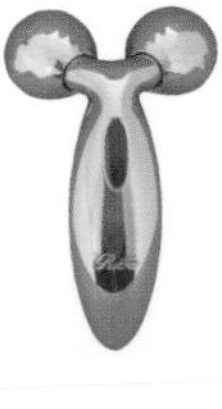

「圓球可以抓住皮膚，促進血液循環。身邊用過的人，臉都變小了！泡澡時也能使用，這點很棒！」ReFa CARAT／MTG

start!

1

用右手大姆指的指腹，慢慢拉到左頰耳朵前方。另一邊也一樣。

2

使用大姆指的指腹，沿著箭頭方向，一直推到耳朵前方，排出老廢物質。額頭也要沿著箭頭方向滑動。

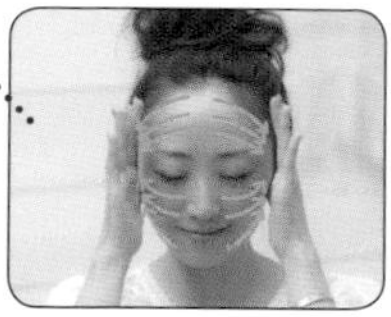

3

使用中指指腹，按壓眉毛上方3秒。從眉心往眉尾慢慢按壓。

4

使用食指與中指的指腹，將集中到耳朵前方的老廢物質推到耳朵後方的凹陷處。

5

將老廢物質從耳朵後方，沿著脖子的肌肉，一直推到鎖骨旁邊。另一邊也用同樣的方式推滑。

finish !

重點是「推滑」
擊退斑點、細紋、鬆弛的按摩術

促進淋巴循環，排出老廢物質，將氧氣與營養送到每一個角落。先塗上大量的按摩霜或乳液再開始。

臉頰拉提後，
法令紋好像變淺了♡

消除法令紋
牙刷按摩法

牙刷放在虛線位置

將牙刷放在嘴裡，分別貼在眼頭下方、黑眼球下方、眼尾下方與鼻翼延長線的交界點上。

沿著箭頭方向，
一直做到會痛為止

將牙刷放進嘴裡，往前移動3～5次，刺激肌肉。感到僵硬部分都鬆開了！

雙手往上推
速效拉提。

手背與地板平行，按壓臉頰的凹陷處。用力往上壓，馬上就能看到拉提效果！

與手心垂直

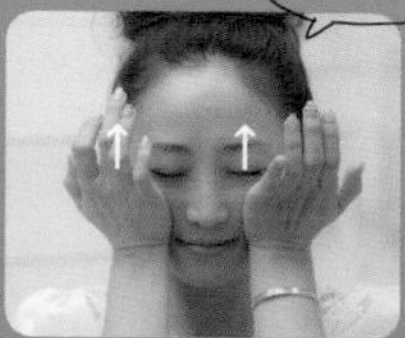

越照越美麗。

一天至少照10次！照鏡子的時間表

start!

起床第一件事

早上起床後，在自然光之下檢視。分別檢查各個部位，看看今天的膚質如何！

洗臉後

一邊照鏡子，一邊保養肌膚。讓大腦感覺到自己正在保養，提升肌膚狀況。

化妝時

在螢光燈下、自然光下、間接照明下，配合外出地點的光線，邊照鏡子邊化妝。

出門前

出門之前，要照全身鏡檢視。別偷懶，記得從前面、側面、後面，360度都要確認！

約會前

下班後的補妝，是認識肌膚弱點的重要關鍵。記得檢查乾燥與脫妝。

用餐後的刷牙時間

吃完午餐後，請拿出鏡子補妝。將脫妝的部分補好。

回家前確認

回家前再照一次鏡子。補個妝，整理儀容之後，回家去吧！

卸妝後

確認毛孔與肌膚狀態。視當天的狀況使用適合的保養品。

泡澡後

除了保養之外，做伸展操也要照鏡子！讓大腦感覺”正在努力”！

上床之前

夠不夠滋潤，做最後檢查。不夠的部分可以再疊擦一層保養品，睡覺囉！

goal!

畫法

不管是光澤肌還是陶瓷肌，從內側散出的亮澤氣場，是讓肌膚亮起來的關鍵。
來學習如何消除毛孔與色差，填補凹凸，煥發亮采的底妝畫法吧！

1 用蓋章的方式上隔離霜，保留光澤

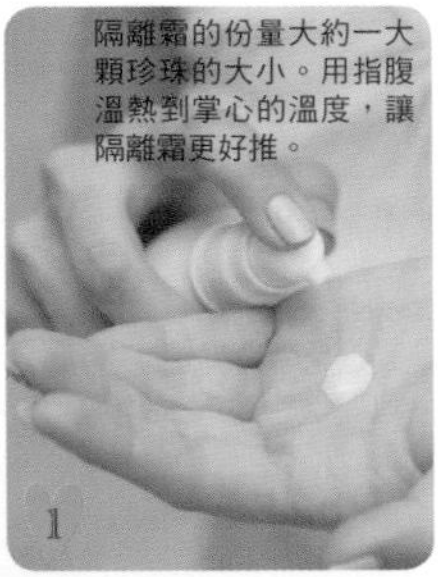

隔離霜的份量大約一大顆珍珠的大小。用指腹溫熱到掌心的溫度，讓隔離霜更好推。

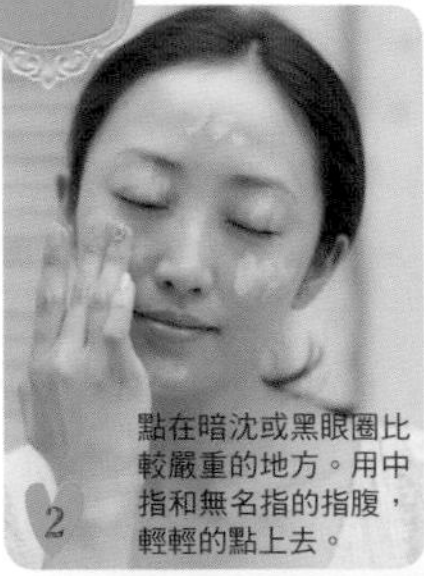

點在暗沈或黑眼圈比較嚴重的地方。用中指和無名指的指腹，輕輕的點上去。

由臉的內側往外側，以蓋章的方式輕輕拍上。消除顏色不均的感覺。

用手心按壓。利用手心的熱度加強服貼度，帶來光澤，不容易脫妝。

2 用筆刷上粉底液，打造零毛孔的透明肌！

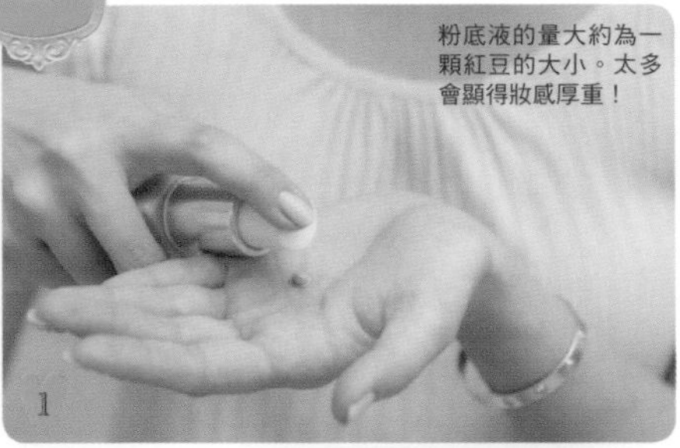

粉底液的量大約為一顆紅豆的大小。太多會顯得妝感厚重！

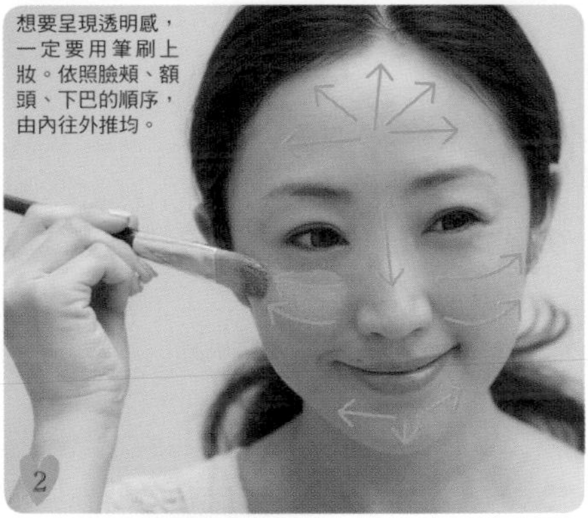

想要呈現透明感，一定要用筆刷上妝。依照臉頰、額頭、下巴的順序，由內往外推均。

用指腹或是較厚的海綿，輕拍表面以消除刷痕。接下來用手心按壓。

我的愛用品♡

關鍵是
透明感與潤澤度

隔離霜

Teint Miracle CC霜（SPF15・PA++）／蘭蔻（台灣未發售）

江原道Maifanshi Makeup Color Base Green（SPF16・PA++）／Koh Gen Do（台灣未發售）

PRMER GLOW／ADDICTION BEAUTY（台灣未發售）

糖瓷防曬隔離乳 #01（SPF39・PA+++）／PAUL & JOE

淨透控色乳EX PINK（SPF20・PA++）／IPSA

RMK UV修色乳霜#01、#02（SPF30・PA++）各／RMK Division

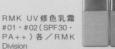

美人底妝，水潤滑嫩肌的

4 完妝的蜜粉只上在泛油會變醜女的區域

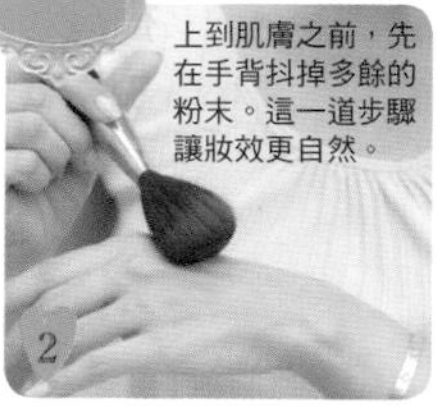

上到肌膚之前，先在手背抖掉多餘的粉末。這一道步驟讓妝效更自然。

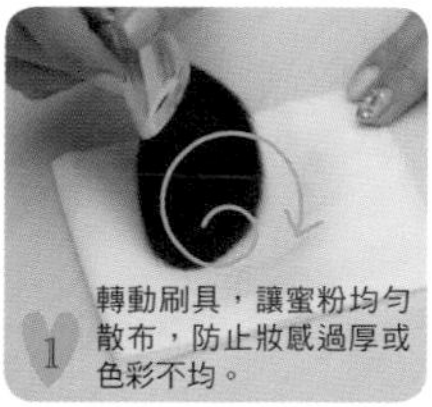

轉動刷具，讓蜜粉均勻散布，防止妝感過厚或色彩不均。

只上在泛油會變醜女的部位。蜜粉上在斜線部位，不要再補粉，以刷子掃過全臉。

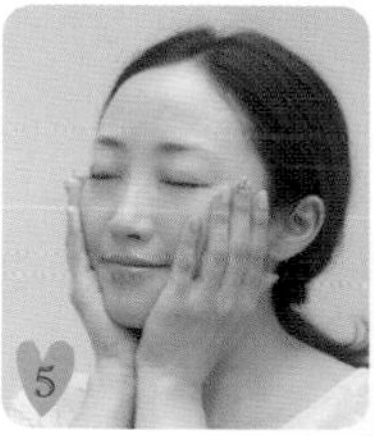

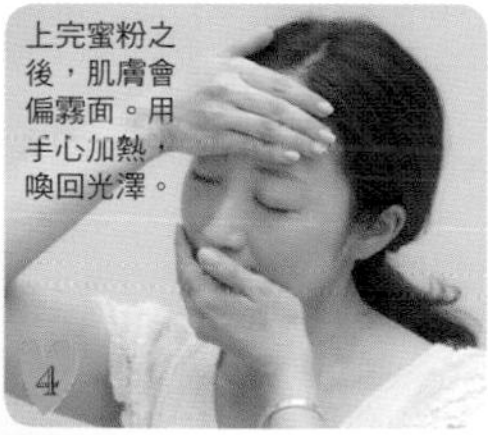

上完蜜粉之後，肌膚會偏霧面。用手心加熱，喚回光澤。

容易乾燥與脫妝的部位，一樣要用手心按壓。讓妝感更服貼，不易脫妝。

眼周與嘴角等細部，以指腹按壓。無瑕的光澤肌完成了。

3 瑕疵區用遮瑕膏馬上蓋掉

鼻翼和眼尾泛紅要加入遮瑕膏。用刷具沾取少量，再用指腹輕點推勻。

痘疤不要疊擦粉底，用遮瑕膏逐一修飾，比較自然。

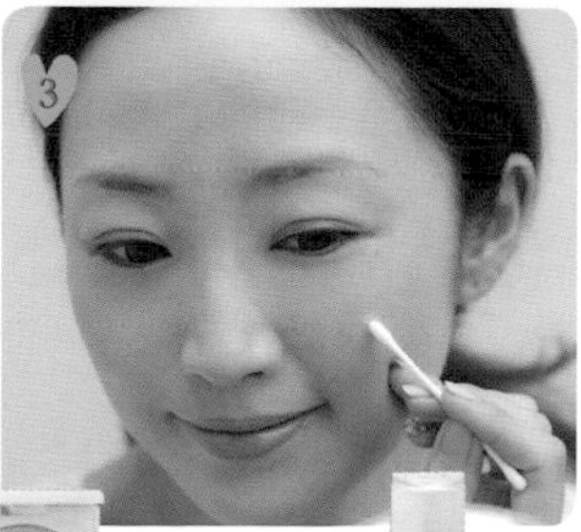

斑點則用斑點兩倍大的遮瑕膏蓋住。用棉花棒暈開輪廓，推勻。不要碰到中央。

遮瑕膏

關鍵在於選色與質地！

自律循環遮瑕組／IPSA

專業修飾霜 #Light Peach／BOBBI BROWN

亮采遮瑕膏 Y2（SPF33．PA+++）／Covermake

Lunasol 勻透遮瑕盤／Kanebo

粉底

重視光澤與裸肌感

CHICCA Ravishing Glow Solid Foundation YB-02（SPF45．PA+++）補充蕊、外盒／Kanebo（台灣未發售）

自律循環彩妝蜜 EX102（SPF25．PA+++）／IPSA

超極粉底液-保溼型 #Procelain Ivory／laura mercier

CHICCA Ravishing Glow Powder Foundation Y-02（SPF16．PA++）補充蕊、外盒、刷子／Kanebo（台灣未發售）

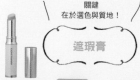

Prodigy P.C. Foundation #03（SPF15．PA++）／Helena Rubinstein（台灣未發售）

讓人下意識的靠過來

濕度滿分，潤澤肌的畫法

什麼是潤澤肌？

彷彿是從內側
滲出濕度的
滑順肌膚。
其實只要
簡單幾個步驟，
就能打造
融合性感與純真
的肌膚。

How to Make 潤澤肌

1 在隔離霜混入帶光感的粉紅色或藍色。以蓋章的方式，用指腹上於全臉。

2 把油滴進遮瑕膏裡，在手心混勻。混合之後，質感更接近裸肌。

3 以筆刷沾取遮瑕膏，點在黑眼圈上。使用筆刷的效果更輕盈。

4 以指腹輕點遮瑕膏，推勻。上滿眼周會形成眼睛縮小的錯覺，重點是推勻時要留下眼尾3mm。

5 以海綿沾取膏狀腮紅，塗在臉頰較高的位置。看起來像自然泛紅的肌膚！

重點是補充濕度

我的
愛用品♡

「兼具光澤感與遮瑕力，無可挑剔。」Treatment Color Control Cushion（SPF50．PA+++）／AMOREPACIFIC（台灣未發售）

「完妝後肌膚泛著優雅的光澤，而且很滑嫩。不黏膩，完全融入肌膚！」CHICCA Blissful Day Cream 28g／Kanebo（台灣未發售）

「遮瑕力強，妝感卻很輕透。膚色暗沈的日子，只要擦上這一瓶，馬上就能散發光采。」超緊塑5D小臉CC霜／蘭蔻

「混入粉底中使用，即可打造理想的光澤肌！肌膚呈現透明感，我真的很愛♡」水感女神～神乎其技BB調和飾底精華03水鑽光／ETUDE HOUSE

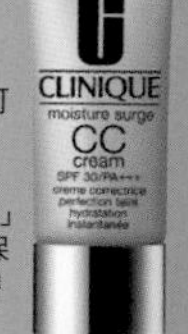

「快速推開即可打造Q彈的雞蛋肌！質地很容易推勻，這點也要加分。」水磁場自動校色保濕CC霜30／倩碧

眉毛決定
臉的印象

換個眉毛，換張面孔

學會不同感覺的眉毛，隨時變身吧！

最重要的是自然感！

美女眉的保養方法

妳是不是用了錯誤的保養方式，
讓妳失去自己的風格呢？
只要掌握重點，再按照正確的步驟做，
一定可以修整出好看的美女眉。

先畫出理想的眉形
先用眉筆畫過，再剪掉多餘的雜毛，才不會失敗！

剪掉超出輪廓的部分
用小剪刀剪去超出來的部分。修剪眉毛上方看起來比較不自然，不處理也沒關係。

拔除多餘的雜毛，完成
用鑷子拔掉距離眉毛比較遠的雜毛。當眉心出現雜毛時，看起來好像有點憂傷，要用剃刀剃乾淨。

我的愛用品♡

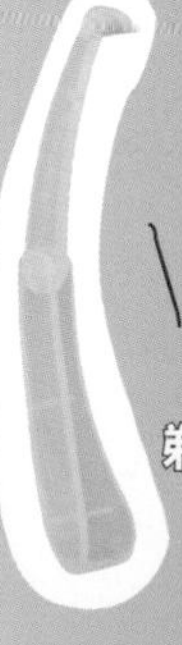

前端比較窄的剃刀
方便修整眉毛的彎度

剃刀

附梳子的剪刀
更好修剪

剪刀

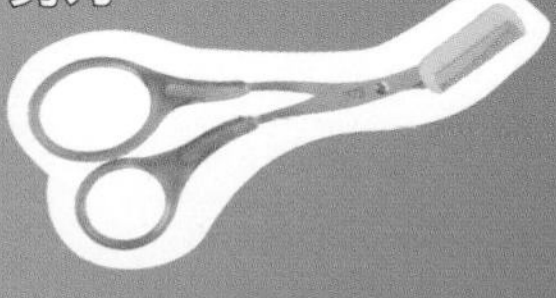

把眉色染淡，
膚色更透亮

永久染眉膏

每個人都能變美

基本的眉妝畫法

重點是自然的感覺。畫的時候配合毛流，很容易上手。

1 用眉刷子將毛流刷順

用眉刷將毛流刷整齊。檢視眉毛的空洞與不足的部分。

2 整理眉毛下方的輪廓！

用眉粉修整眉毛底邊。只要這裡的輪廓整齊，臉的印象也會變漂亮。

3 暈開眉頭，使五官更深邃

針對缺角的地方補色，修整粗細，直接暈開眉頭。

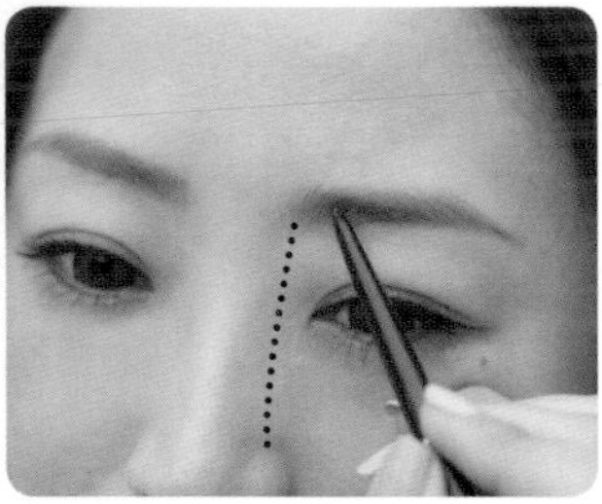

4 用眉筆補足空洞部位

用種眉毛的畫法調整。眉頭在鼻翼根部的延長線上。

5 用眉刷梳整眉毛

以眉刷輕梳，讓眉毛更自然。

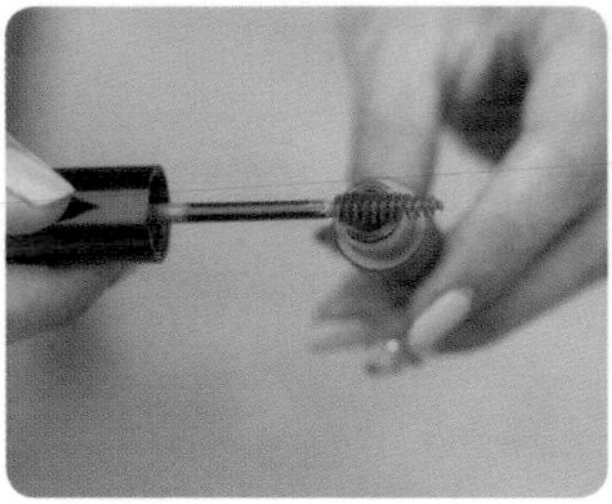

6 刮除多餘的染眉膏

將刷子多餘的染眉膏刮掉，以免眉毛沾太多染眉膏。

7 逆梳刷上，連根部都染亮

刷頭從眉尾刷向眉頭。小密訣是要逆刷。

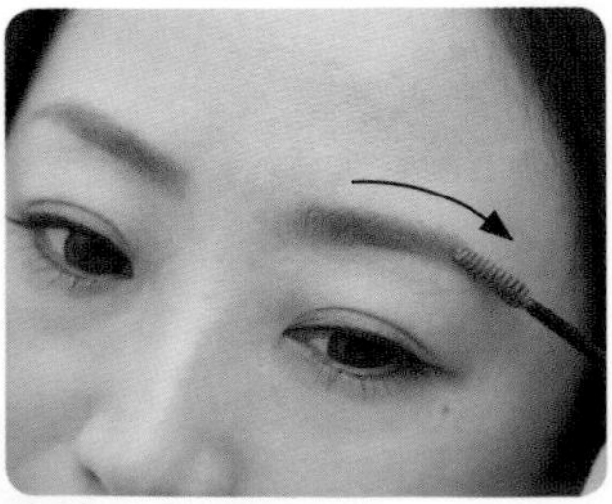

8 從眉頭刷到眉尾

染眉膏的刷頭從眉頭刷到眉尾，將毛流梳整齊。

9 將眉頭的毛往上刷

使用刷頭的前端，將眉頭的毛往上刷。天然純真眉完成了。

焦糖魔法眉睫兩用膏 BR333／MAJOLICA MAJORCA

Professional Eyebrow Mascara #003／RIMMEL（台灣未發售）

3D球型染眉膏 #01／Maybelline

一整天都能維持
剛畫好的眉毛
眉毛定型液

Brow Lash EX Brow Coating／BCL（台灣未發售）

SATISHE Eyebrow Coat／CP COSMETICS（台灣未發售）

整理毛流
調亮色系
染眉膏

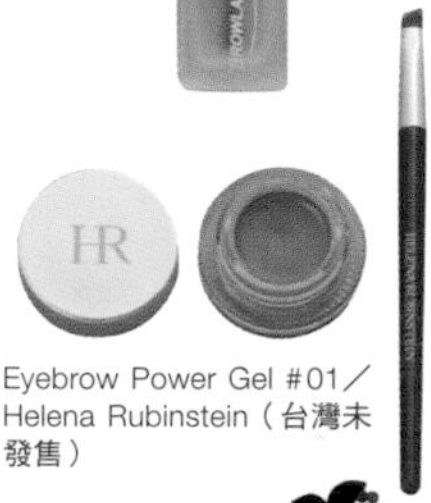

Eyebrow Power Gel #01／Helena Rubinstein（台灣未發售）

輕柔自然的
印象
染眉膠

立刻變身洗練眉妝的

優秀化妝品♡

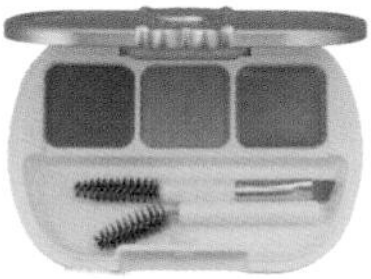

浮飾雙纖眉彩盤 #02／Laduree

晶耀眉彩餅 #02／Jill Stuart Beauty

俐落持色液態眉筆 #2／INTEGRATE

上色淡
零失敗
眉筆液

Heroine Make Liquid Eyebrow #02／Kiss Me

Pressed Duo Eyebrow／ADDICTION BEAUTY（台灣未發售）

玩色眉粉 #02／Paul & Joe

防水液狀眉筆 #02／CANMAKE

K-Palette Lasting 2WAY Eyebrow #02／CUORE（台灣未發售）

眉形定妝液／COVERMARK

完成立體感
美形眉
眉粉

Eyebrow Slim BR25／Elegance（台灣未發售）

超完美極細自動眉筆 EX 02／SUSIE N.Y.

畫出
種毛般的眉毛
眉筆

純真眉

直線的眉形以及從眉頭到眉山的粗細幾乎相同，重點是要短得恰到好處。

關鍵在於粗細與線條

差別就在眉尾的彎度！

好女人眉妝·純真感眉妝

1 用眉刷將毛流梳順

用眉刷整理毛流。只要清除沾在眉毛上的粉底，妝效更好看。

2 用筆刷填平眉毛的底邊

用眉粉往下多畫2～3㎜，將眉粉刷勻。感覺像是要拉近與上眼皮的距離。

3 用眉筆種眉毛

用眉筆補畫眉毛空缺的部分。不要畫彎度，要畫成平直狀。

4 暈開眉頭

將眉頭的眉彩往鼻樑方向暈染，製造深邃效果。

5 用染眉膏提亮

最後上染眉膏。選用柔和的色系，讓眉毛散發溫婉氣息。

彎度、粗細、長度，
實現妳的變身願望！

好女人眉

重點在於流暢的弧度、長度與強弱對比。

1 **用眉筆描繪眉毛底邊**
用眉筆修整眉毛下方的線條。修整眉毛底邊，畫出漂亮的輪廓！

2 **用眉粉填補空缺的部分**
用眉粉填滿眉毛的空隙，將眉毛畫滿。自然的粗眉，看起來凜凜有神。

3 **畫出俐落的眉尾**
一直畫到從鼻翼連到眼尾的延長線上。優雅的妝感。

重點在這裡！

眉毛要這樣畫

好女人眉

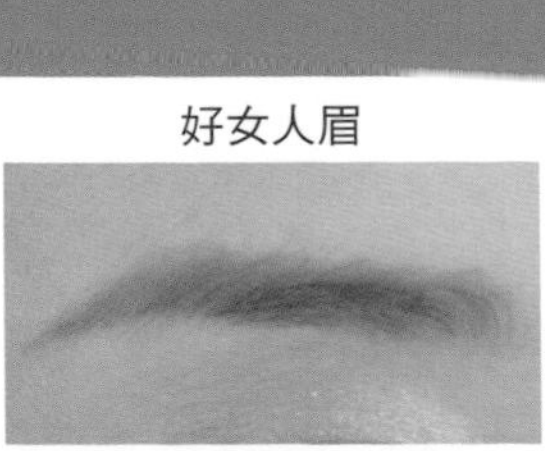

眉毛的長度畫到連線鼻翼與眼尾的延長線上。眉山介於黑眼球到眼尾之間。從眉頭往眉尾越畫越細。

純真眉

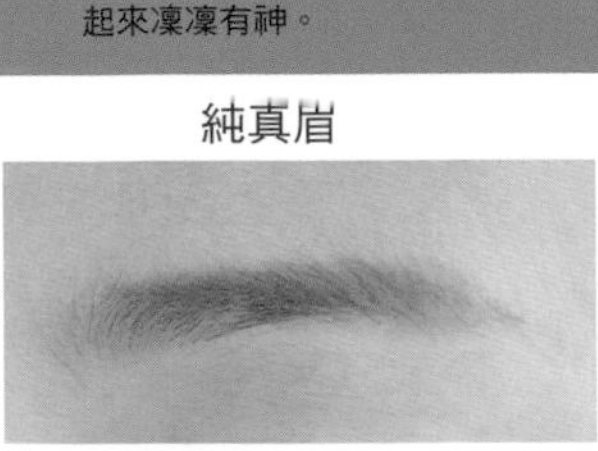

眉山下方不要弧度，感覺在畫直線。從眉頭到眉山的粗細幾乎相同。長度稍微短一點，畫到嘴角到眼尾的延長線上。

讓身邊的女孩「高度警戒」

勾人心魂的唇妝畫法

用不同的塗法改變氣質！

大量的唇蜜，水潤動人

塗唇蜜的時候，要上多一點。超出唇山與嘴角下方時，看起來更性感。彷彿快要融化的可愛雙唇。

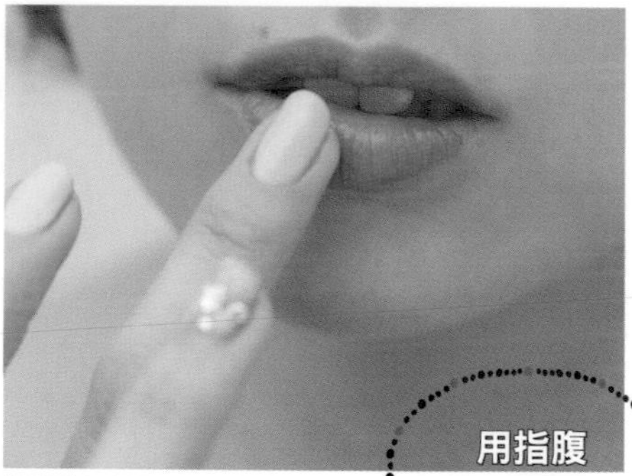

用指腹輕點

鮮豔的色彩最好用指腹上色。看起來像是自然泛出的血色，非常性感。

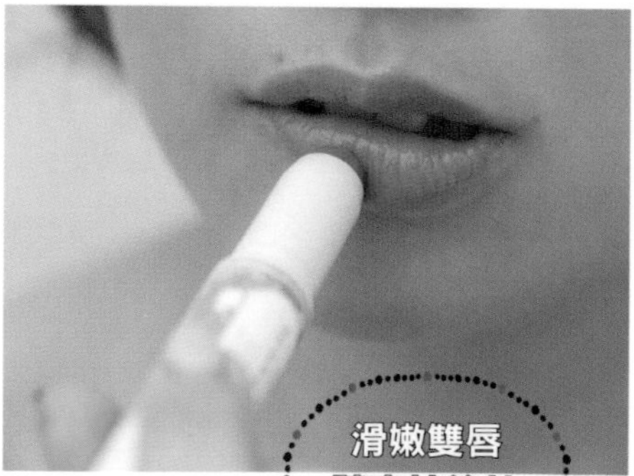

滑嫩雙唇請直接塗抹

直接塗抹可以營造可愛的妝效。故意不描輪廓，隨性的風格，是現在最流行的感覺！

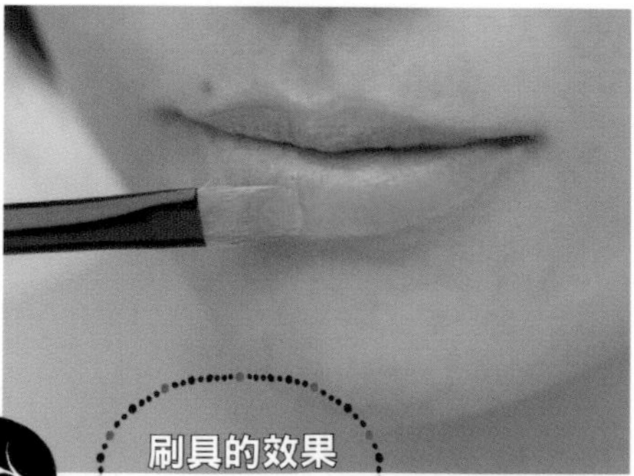

刷具的效果『高級感』

追求正式的感覺時，請用唇刷。描出輪廓，看起來更知性、時尚。用平筆刷畫出滑嫩妝感。

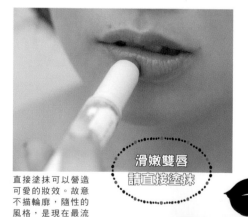

雙唇乾巴巴，一切都白費了。
雙唇隨時都要保持亮澤水嫩。

唇部修護，保持最佳狀態

擁有飽滿與血色的唇瓣，讓人忍不住想要將妳擁入懷中

雙唇是皮膚最薄、最細緻的部分。如果不保養的話，嘴唇不但會出現直紋、暗沈與乾燥脫皮，這些問題甚至會擴散到嘴唇周邊的肌膚。保養的時候，連嘴巴周邊都要一起照顧哦。

敷唇膜，找回Q彈水嫩！

去角質之後再塗抹精華液，接下來用嘴唇專用的唇膜集中修護。改善唇色，讓雙唇更飽滿，還能解決惱人的直紋！

「蜂蜜的保濕力，雙唇好水潤 小小一瓶也很好攜帶。它的光澤感太厲害了，用它就能完成唇妝。」Honey Dew Lip Serum／SHIGETA（台灣未發售）

「雙唇問題比較多的時候會用這瓶。重大場合之前，我一定會用這瓶保養。我總是隨身攜帶，它像是我的護身符。」再生修護潤唇霜9g／希思黎

「有防曬效果，外出時也能放心使用。唇膏狀非常方便。」純天然乳木果油＆堅果油萃取防曬護唇膏（SPF22・PA+）／naturaglace

「配合唇部狀態，可以單一使用，也可以整組使用。我好喜歡保養完的感覺，簡直像是到沙龍做過護膚似的。嘴唇的細紋與暗沈都變淡了，感覺好開心！」右起：Honey Lip Gommage、Honey Melty Conc、Honey Essence Pack 8片裝／皆為VECUA（台灣未發售）

鮮豔的粉紅色

難易度似乎很高的鮮豔色彩，也能輕鬆地上手。

柔礦迷光脣膏 # Strikingly Fabulous／M．A．C

魔影幻彩脣膏 #350／ANNA SUI

玩色脣膏 #305（脣膏蕊）／PAUL & JOE

無色限持色水脣膏 PK345／植村秀

情挑誘光水脣膏 #8／YSL

魅光蜜口紅 #13／THREE

魅光蜜口紅（COLOR）#13／THREE

魔影幻彩脣膏 #304／ANNA SUI

水漾晶亮脣膏 #419／倩碧

Sublime Rouge #16／Sonia Rykiel（台灣未發售）

粉紅色

時而楚楚可憐，時而成熟誘人，粉紅色有多種樣貌。找出妳命中註定的那支吧！

運用色彩與質感
每分每秒都要展現自己最可愛的一面！
徹底提升美人度的最強脣妝

COFFRET D'OR晶漾恆潤口紅 OR-112／Kanebo

LUNASOL絕色恆漾口紅 #12／Kanebo

珊瑚橘色

提升肌膚透明感，更顯柔和。推薦給膚色暗沈的女孩。

無色限持色水脣膏 OR560／植村秀

水透嫩脣膏 # Korean Candy／M．A．C

時尚專業脣膏 # MORANGE／M．A．C

柔礦迷光脣膏 # Utterly Delicious／M．A．C

橘色

讓肌膚更亮麗，也是時尚的色彩。適合搭配脣線筆一起使用。

裸色

幹練的裸色。找出終極裸色唇膏，是女孩的使命。一定要找到哦！

Sublime Rouge #06／Sonia Rykiel（台灣未發售）

Lip Stick #23／TOM FORD Beauty（台灣未發售）

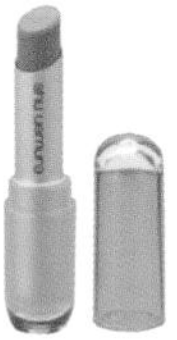

無色限絲滑粉霧唇膏 BG931／植村秀

嫩粉色

不是裸色的半裸色，絕妙的性感色彩。添增性感又楚楚可憐的風情。

UV護唇膏（SPF22・PA++）／THREE（台灣未發售）

蘋果光娃娃護唇蜜 #01／克蘭詩

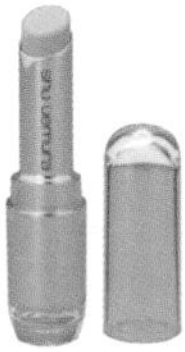

無色限激炫光唇膏 PK306／植村秀

塗鴉彩色唇膏 #Blush Orchid／Burt's Bees

紅色

看起來就不是個好惹的女人。選擇有透明感的顏色，一定不會出錯。

魔影幻彩唇膏 401／ANNA SUI

LIPSTICK #Superwoman／ADDICTION BEAUTY（台灣未發售）

情挑誘光水唇膏 #8／YSL

奢華緞面鏡光唇釉#9／YSL

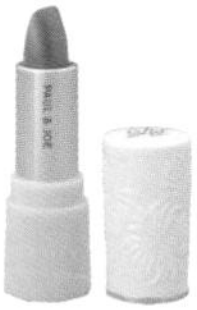

玩色唇膏 #303（唇膏蕊）／PAUL & JOE

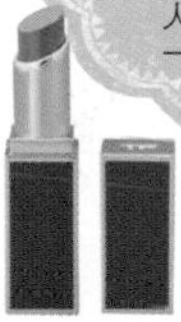

Lip Stick Shine #10／TOM FORD Beauty（台灣未發售）

唇蜜

喚起本能的色彩。擦在唇上的並不是色彩，而是質感。

無色限晶亮水唇蜜 AT50C／植村秀

LIP GLOSS #Girl on Fire／ADDICTION BEAUTY

冰淇淋唇蜜 #Double Happiness／M・A・C

上質光・豐潤光感唇蜜 #311／SK-Ⅱ

有色護唇膏

不用照鏡子就能塗好，適合用於約會等需要快速補唇色的時候。

塗鴉彩色唇膏 # Pink Blossom、#Rose、# Petunia、# Hibiscus／皆為 Burt's Bees

1 mm定生死

唯有講究尖端的美感，才能找到有別與以往的自己。重點在於讓不仔細看就不會發現的尖端變得更美的心情。一定要發自內心哦。

畫在看不見的地方，是最沒意義的事

眼線

將2、3mm的線連起來，
才能畫得漂亮。
找出最容易看見自己眼皮的角度。
不要中斷，
也不可以歪七扭八。
只能靠練習了。

擁有踩剎車的勇氣

睫毛

結塊、重視量感，
強調「我有刷」的睫毛
過時了。
重點是讓人誤以為
是「天生」的美睫。
角度也不是越翹越好。

指甲能讓手指看來
又細又長

臉周的手

短指甲看起來純真，
長指甲有女人味。
想要指甲修長，
有女人味的話，
建議將指甲修成
橢圓形（鵝蛋形）。

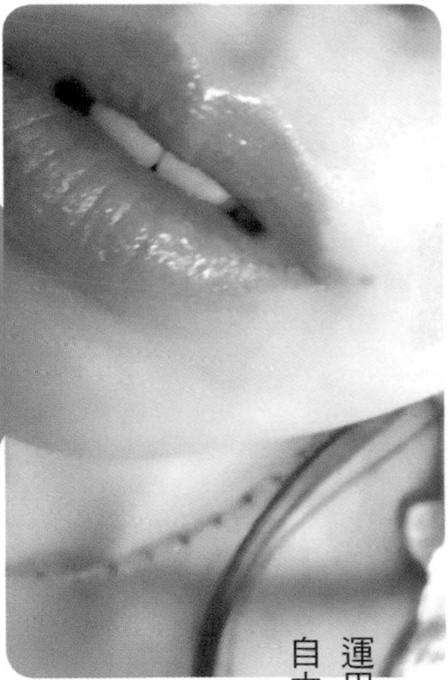

雙唇

將唇山稍微填平，
會多點情色的味道。
超出嘴角則會展現性感，
將唇線往外描1㎜，
即可畫出豐唇。
1、2㎜的線條，
印象差很多，
不妨多方嚐試吧！

運用輪廓，
自由變化唇瓣！

美麗的趾尖，
全身都美麗！

腳

腳比較容易暗沈，
塗上紅色等搶眼的色彩，
看起來像是
上沙龍保養過
的雙足。

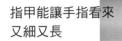

利用睫毛成為楚楚可憐的女孩

學會夢幻的略垂睫毛技巧

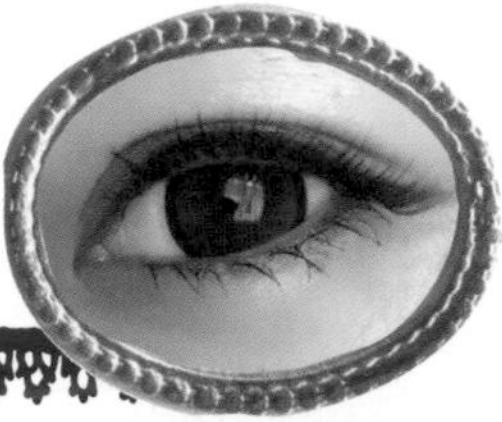

什麼是略垂睫毛？

從根部全力往上夾翹的睫毛，既誇張又老氣。稍微往下垂，弧度和緩的睫毛捲度 才能打造混血兒般夢幻憂 的神情。

上睫毛

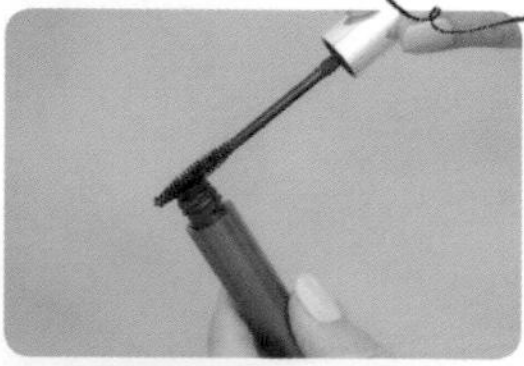

1 在瓶口刮掉刷頭多餘的睫毛液。最好是刷頭根根分明的狀態。

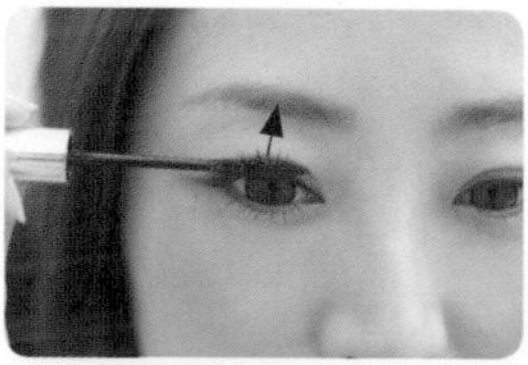

2 刷在根部，刷到毛尖在輕輕放開。稍微塗一下上面，看起來更漂亮。

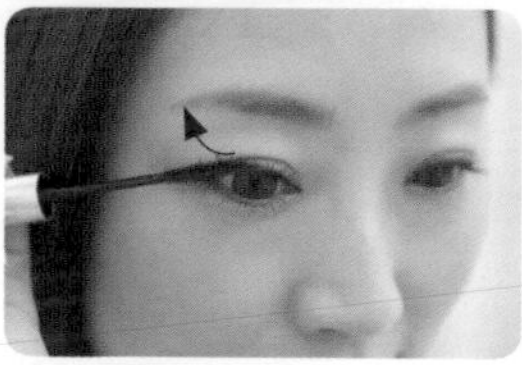

3 接下來是眼尾側的睫毛。將刷頭埋在睫毛根部，輕輕滑到毛尖。

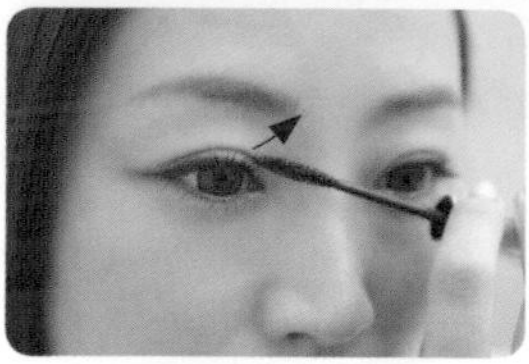

4 長度比較短的眼頭側，使用刷頭前端，效果更好。每一根都要仔細塗刷。

5 想要強調長度時，可以加強黑眼球上方，想要強調扇形弧度時，可以在眼尾疊擦。

6 將睫毛根部往上提，維持到定型為止。自然的捲度完成了。

下睫毛

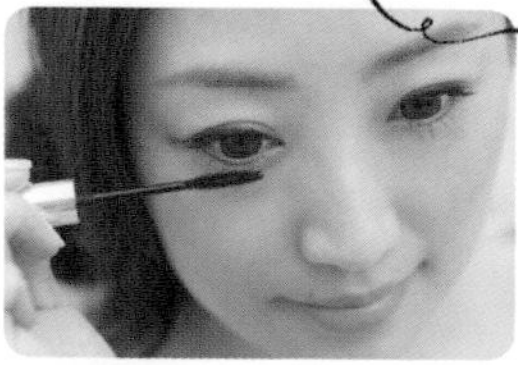

1 下睫毛跟上睫毛一樣，也要分成3部分。先刷黑眼球下方。

2 塗刷眼尾側的睫毛。呈放射線狀漂亮的展開！

3 塗刷眼頭的雜毛，眼睛馬上放大1.5倍！用刷頭前端，不要放過任何一根睫毛。

4 最後調整睫毛的間隙。

從上面看也很完美！
纖細的睫毛，
更顯得楚楚可憐

纖長的美麗睫毛，
實現誘人的眼神

讓人誤以為
「我的睫毛天生就很長」

睫毛膏大集合

「好用的細刷頭，可以抓住纖細睫毛。溫水即可卸除也很棒。」魔法纖長睫毛膏／倩碧

「遠看有放大眼睛的效果，刷出迫力十足的睫毛！需要強調眼妝時，我會選這支睫毛膏。」美束濃密捲睫彩／ettusais

「推薦給睫毛下垂的人。這支可以將睫毛從根部往上拉提，維持捲翹度。」Curl Lash Fixer／Elegance（台灣未發售）

「加長睫毛，長度超驚人！乳狀睫毛液可以抓住每一根睫毛，輕鬆完成打底。」XL濃長加倍睫毛底膏／蘭蔻

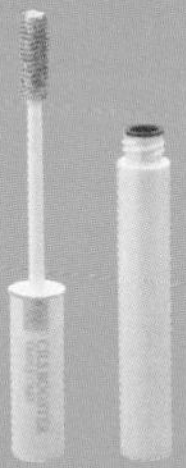

「有著迷人光澤，刷起來女人味十足。好用的刷頭也無可挑剔。」COFFRET D'OR魅力亮眼睫毛膏 BK-40／Kanebo

「漆黑有光澤。溫水可卸型，卸妝很方便。」Perfect Long Extension／D.U.P（台灣未發售）

「睫毛濃密纖長，加強存在感。另一個重點是睫毛不會黏在一起，容易刷出扇形。」魅惑光感睫毛膏 第三代／MAJOLICA MAJORCA

「極小刷頭可以刷到眼頭部分與下睫毛。推薦給眼睛比較小，不會刷睫毛膏的人。」Bottom Lash Mascara #01／倩碧（台灣未發售）

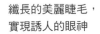

讓別人覺得「妳今天好像特別漂亮」

大家都想要近身戰也零破綻的睫毛

有戴沒戴真的差很多。學會如何戴假睫毛，讓別人覺得很自然，好像天生就是這樣。千萬別漏餡哦。

How to 假睫毛

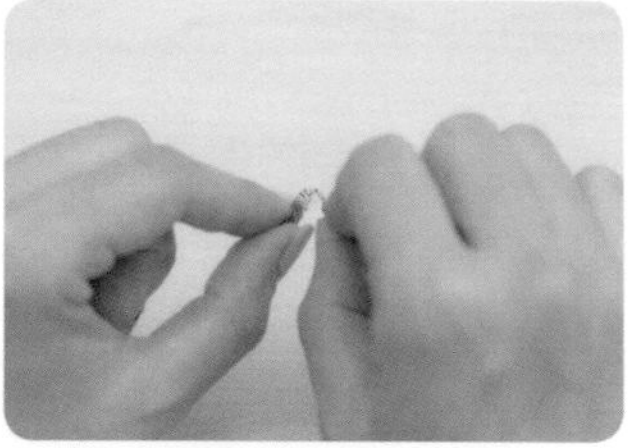

1 佩戴假睫毛之前，要先把梗搓軟。這個步驟可以讓睫毛貼合眼皮。

2 將膠水塗在睫毛梗上。為了呈現自然的效果，選擇透明膠水。

3 用鑷子夾住假睫毛，從眼尾側戴上。要戴在真睫毛上方！

4 以指腹輕壓假睫毛。暫時不要鬆開，直到假睫毛與眼皮密合為止。

5 以眼線填補睫毛根部，修正線條。創造自然效果！

選擇接近真睫毛，
稀疏又柔軟的產品！

推薦的假睫毛大集合

全速踩腳踏車
也不會飛走！

「翹起的假睫毛會讓可愛度大扣分。使用這款膠水絕對不會翹起來。用起來好放心！」Eyelashes Fixer EX 552／D.U.P（台灣未發售）

「每根睫毛都很纖細，自然的呈現種睫毛等級的長度。睫毛輕飄飄！」ASTRAEA V Eyelash Professional Selection No.2／Chantilly（台灣未發售）

幫睫毛
盛裝打扮！

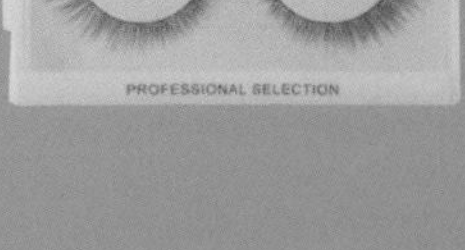

融入真睫毛中
妝效自然

「完全無佩戴感，非常纖細。想要憂 眼神可以選眼尾加長型，想要強調大眼，展現可愛時，選擇中央加長型，隨心情自由選擇。」Eyelash MERCURYDUO Style #03、#04、#05 各／D.U.P（台灣未發售）

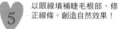

彩隱讓肌膚更美！

不誇張的彩隱怎麼挑？

彩隱的注意事項！

一定要遵守使用期限！
如果不遵照隱形眼鏡的使用期限，可能造成眼睛病變。千萬不要自行判斷是否還能使用！

遵守一天的佩戴時間！
長時間佩戴隱形眼鏡，取下時容易刮傷角膜，造成發炎等症狀。也不能戴著睡覺。

覺得不舒服應立刻就醫！
當眼睛充血，或是覺得不舒服的時候，應立刻請眼科醫師診察，及早治療才能免除病變！

彩隱的戴法

將上眼皮往上拉，下眼皮往下拉，撐大眼睛。將隱形眼鏡放在瞳孔上，眨眼使隱形眼鏡與眼 球服貼。

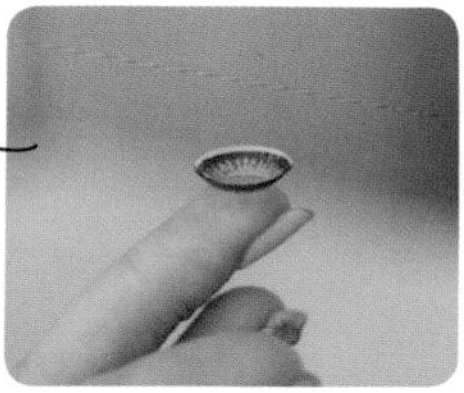

洗淨雙手，在清潔的狀態下佩戴隱形眼鏡。請確認哪一邊是表面，不要戴反了。

我愛用的彩隱！

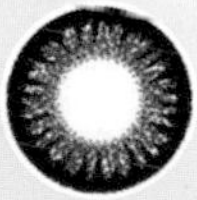

「不是黑也不是棕，絕妙的配色。打造深邃、水汪汪的眼睛。」Angle Color Bambi Series 1day Chocolat（10片裝）／T-Garden（台灣未發售）

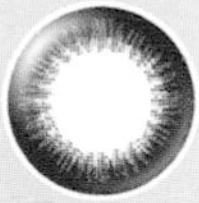

「自然、成熟的彩隱。不會太誇張，男性也能接受！」Ever Color One Day Natural Champagne Brown（20片裝）／Aiseis（台灣未發售）

「素顏的時候，只要戴上它眼睛就很可愛，肌膚也跟著變美！勾人心魂的迷濛眼神也是它的魅力。」Dolocy Cameral Brown（2片裝）／Dolocy（台灣未發售）

喜歡自然感，
就選安視優

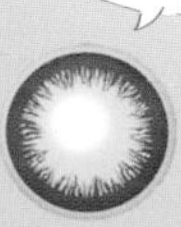

「明明很自然，卻有股成熟的可愛感，給人活潑的印象！」「睛漾水凝每日拋棄式隱形眼鏡」〈炫閃晶〉（30片）公開價格／嬌生

一眼就被看穿「戴了放大片」，
未免太丟臉

掌握彩隱×彩妝的平衡吧

「彩隱」是可以讓臉呈現整形級效果的猛藥。因此過度裝扮容易流於浮誇。自然又誘人的彩隱×彩妝法則，其實很簡單。

彩隱放大片絕對不可以搭大濃妝！

How to Make

使用尺寸超過14.1mm的彩隱時，絕對不可以畫濃妝。最好是有點不足的妝感。彩隱放大片的魅力是宛如少女般的純真無邪。應該以不刻意的極淡妝為主，即可展現「與生俱來的純真」。如果還要加上假睫毛、全框式眼線還有零破綻的漸層暈染眼影，刻意堆砌的感覺更讓人覺得妳搞不清楚狀況。

彩妝＜彩隱

想要展現性感時，
就用自然彩隱配濃妝

彩妝>彩隱

How to Make

14㎜以下的彩隱最適合誇張的妝感♡ 很適合用在以眼線強調深邃眼神、運用搶眼的色彩或是釋放誘人的肌膚魅力時。尤其是想要展現性感、成熟或智慧時，14㎜以下彩隱的更能激發妳的魅力。

自己打造理想眼型

眼線，勾勒出想要的眼型

眼線又分為各種不同的類型，即使都是眼線，呈現的印象卻大不同。自然、性感、女人味……，請視當天的心情挑選吧！

加強眼神，當然要用眼線液

追求溫柔妝感
就用
眼線筆

「眼睛水汪汪，肌膚更漂亮。硬度適中，顯色度夠，我已經回購好幾支了！」魅力眼線筆＃105／倩碧

「金屬光感的紅褐色，打造溫柔、可愛的眼神。我都把它當成彩色眼線筆。」亮亮仙女棒＃52／妙巴黎

Eyeliner Pencil ＃Black Jack／ADDICTION BEAUTY（台灣未發售）

「不是黑也不是棕的絕妙色彩，非常時髦。像是混入光線似的神秘眼神。」星光眼彩筆＃07／THREE

「質感像蠟筆，可以畫出滑順的線條。容易暈染，推薦給不太會畫眼線的人。」Love & Liner防水眼線筆 自然褐／MSH

使用
眼線液

喜歡俐落眼神或是
不低俗的女人味，就用液狀
眼線液

「這是我的第一支極細眼線液。非常好畫，畫出來又漂亮！留下深刻的印象！」黑緞帶眼線筆＃1／YSL

「粉棕色讓膚色更水嫩。展現柔和、可愛的眼神！」Love & Liner極細防水眼線液 優雅褐／MSH

想要輕鬆調整濃淡與粗細，
就用手殘女孩的好伙伴
眼線粉

「筆尖只有0.4㎜，超極細！可以在睫毛根部畫出又細又平滑的線條。」丰靡美姬．幻粧 極細持色眼線液 BK001／Kose

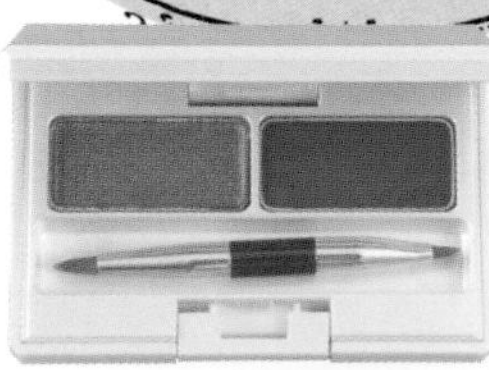

「分為光澤黑與霧面黑。雖然都是黑色，妝效卻差很多！」CHICCA Mystic Powder Eye Liner＃01／Kanebo（台灣未發售）

「極細筆尖，最適合描繪細部！可以畫出緊貼睫毛根部的細線。調節粗細也很簡單。」KATE進化版持久液體眼線筆BR-1／Kanebo

「跟別人不一樣」
的美女魔法工具

彩色眼線

「只用在眼尾，或是拉粗線畫成眼影，有各種畫法。」Long Lasting Eye Pencil WP 10／YSL（台灣未發售）

「我比較少用在上眼皮，都是畫在下眼皮的黑眼球下方。不經意的強調臥蠶，營造可愛的眼神。」幻色眼線筆 粉／ettusais

「在下眼皮眼尾的⅓處畫粗線後暈開，就是迷濛的可愛眼睛了！」絕世大眼女王眼線膠筆 #8066／NARS

「既能天真也能俐落。萬用眼線組。」Kohl Eyeliner #Night Dive／ADDICTION BEAUTY（台灣未發售）

「薄擦在眼睛下方，再用手指暈開，就能塑造外國人的韻味。凸顯透明感與白 肌膚。」亮眼珠光眼線筆 RD505／MAJOLICA MAJORCA

「點綴於下眼皮的眼尾或是眼頭下方。搭配米色或金色眼影，看起來更幹練！」亮亮仙女棒 #55／妙巴黎

「疊擦在大地色系眼影上，散別不同的韻味。」AQUA防水眼線筆 NO.7湖水綠／MAKE UP FOR EVER

使用彩色眼線

打破一成不變！當個隨心所欲運用化妝品的高手♪

筆觸滑順，容易畫線

眼線膠

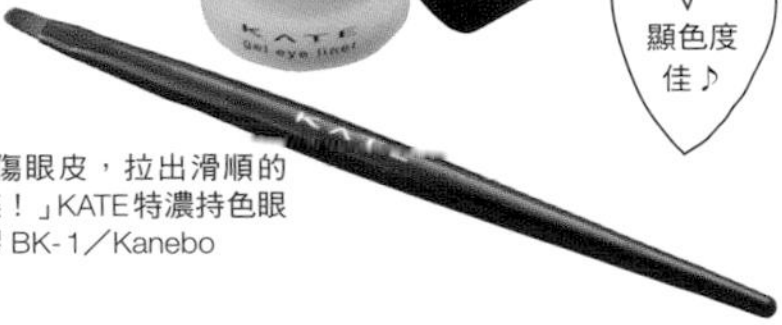

顯色度佳♪

「不傷眼皮，拉出滑順的線條！」KATE特濃持色眼線膠 BK-1／Kanebo

「我很喜歡這款不突兀的深褐色。顯色度好，又持久。畫起來也很滑順。」流雲眼線膠 #07／BOBBI BROWN

「筆尖很細，可以輕鬆填滿眼皮的空隙 好用的旋轉式設計，我很喜歡。」KATE極細持色眼線膠筆 BK-1／Kanebo

「不會用筆刷的人，不妨使用這款筆狀產品。好畫又顯色。」INTEGRATE甜美色線 濃密筆型眼線膠 BR610／資生堂

「零珠光感的漆黑色。可以強調眼眶。想要強調眼神時，一定少不了它。」流暢眼線凝霜 # Blacktrack／M・A・C

可愛的冠軍彩妝！

可愛風

女孩的憧憬 柔和甜美系腮紅

大範圍輕刷

宛如剛洗完澡的自然紅暈

上質光・立體肌保養頰彩 #21／SK-Ⅱ

Glowing Gel Blusher #03／Sonia Rykiel（台灣未發售）

純真與性感的絕佳平衡

也可以當粉狀腮紅的打底霜！

浮飾誕生頰彩霜 #02／Laduree

好像曬過太陽的健康雙頰

All in one 亮彩膏 #Puerto Vallarta／NARS

基本！

橫長條形

毛孔不見了，肌膚好漂亮！

魅光修容 #22／THREE

打在較高的地方，

刷在鼻子附近，
營造甜美氣息

腮紅是讓女孩變

刷在眼睛
一指以下的位置，
好性感

成熟感

Cheek Stick # Amazing（未稅）／ADDICTION BEAUTY（台灣未發售）

從內側滲出來的血色感

Cheek Stick # Revenge（未稅）／ADDICTION BEAUTY（台灣未發售）

這款腮紅也可以當口紅

Cheek Stick # African Sunset（未稅）／ADDICTION BEAUTY（台灣未發售）

讓人目光為之一亮的螢光色，特別搶眼

KRYOLAN
私物

打造歡樂的臉龐

COFFRET D'OR微笑俏顏修容 #04／Kanebo

利用不同的刷法與濃淡，
可以展現成熟，也可以盡情可愛

淺淺的腮紅
展現
成熟性感

顴骨上方
展現美麗的
骨架

用提亮展現天生的美麗骨架

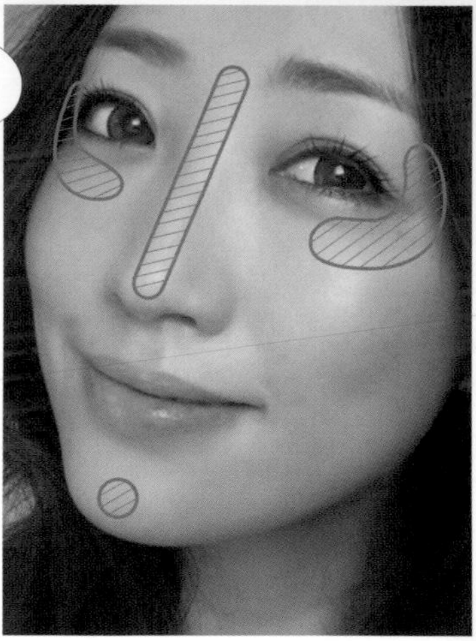

運用提亮等於操控光線

提亮是化妝的最後步驟。粉狀修容用筆刷輕輕掃過，液狀則用手指輕點推勻。

我的愛用品♡

Lunasol 晶巧巨星光采筆 #02／Kanebo

「只要輕刷一層，馬上綻放透明光采！肌膚更白　，感覺很透亮。」
Dr. White美白超亮采九宮格煥白蜜彩粉盒／紀梵希

粉紅色漸層，讓肌膚更柔嫩！

高光提亮四色蜜粉
／naturaglace

benefit high beam
／本人私物

強調骨架，徹底展現女人味

立體感十足的深邃臉龐

巴黎訂製修容餅 #01（一組）／Paul & Joe
benefit high beam
／本人私物

放大雙眼的
眼影畫法

眼睛往橫向加長

How to Make 誘人的好女人 eye

想被妳擄獲的
誘人視線

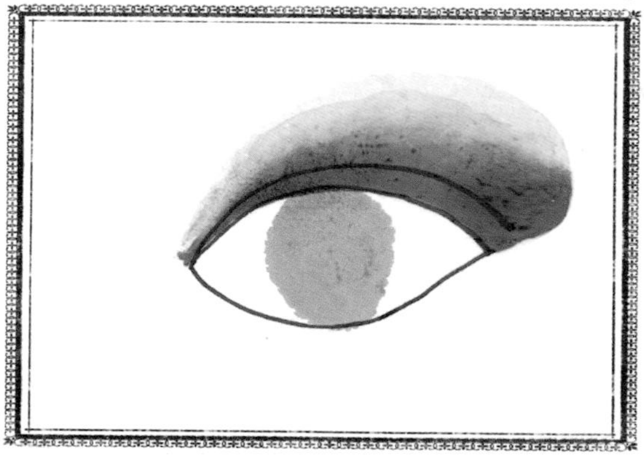

眼睛往縱向加大

How to Make 圓滾滾嬰兒 eye

純真的眼線
讓人心跳加速

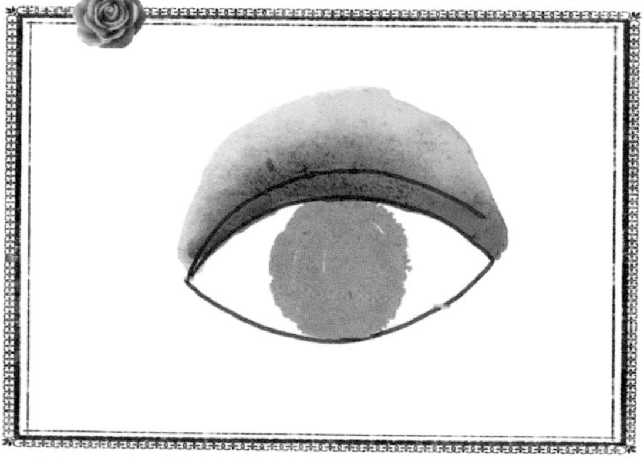

有時候，單擦眼影反而會讓眼睛顯得更小。
妳想呈現哪一種印象呢？塗哪種顏色會讓膚
色更漂亮，先研究過才能上手。

「絕妙的亮粉感，提升眼角透明
度。疊擦更顯深度，還能加強立
體感。不同的配色還能展現不同
的表情！」魅光4D眼盒 #10／
THREE

「每一色都好用的四色眼影盤。
畫漸層也不會太誇張，營造甜美
氣息♡」Lunasol晶巧光燦眼盒
（淨采）#01／Kanebo

我的
愛用品♡

「下眼皮」

比上眼皮更能左右眼睛的印象

下眼皮的眼妝不會失敗，而且效果很好

每個人上眼皮的形狀都不太一樣，下眼皮則是每個人都一樣。也就是說，只要用心就能看到效果。和上眼皮相比，失敗的機率非常小。

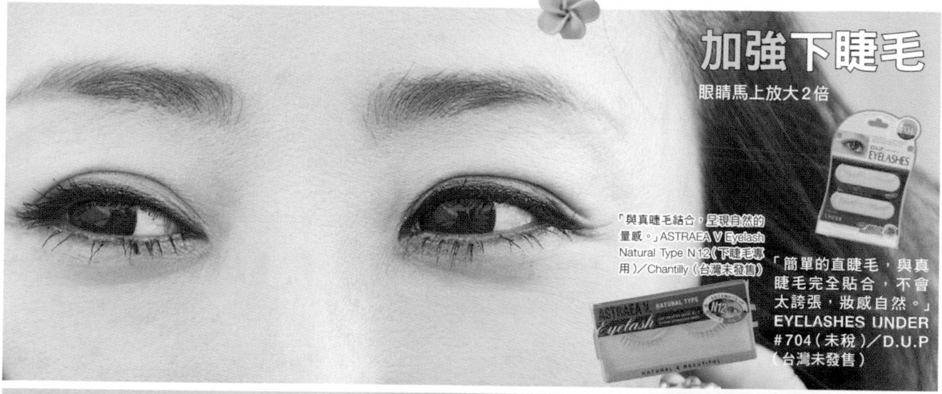

加強下睫毛

眼睛馬上放大2倍

「與真睫毛結合，呈現自然的量感。」ASTRAEA V Eyelash Natural Type N 12（下睫毛專用）／Chantilly（台灣未發售）

「簡單的直睫毛，與真睫毛完全貼合，不會太誇張，妝感自然。」EYELASHES UNDER #704（未稅）／D.U.P（台灣未發售）

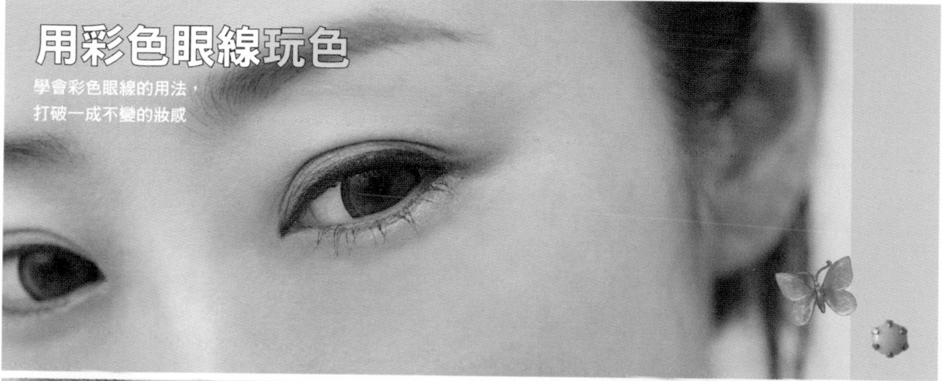

用彩色眼線玩色

學會彩色眼線的用法，
打破一成不變的妝感

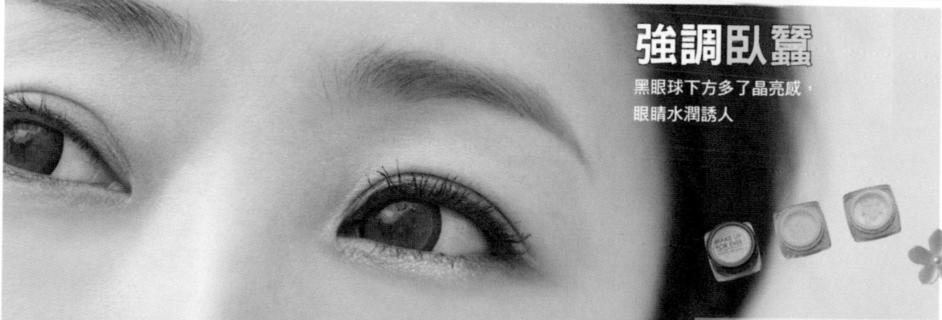

強調臥蠶

黑眼球下方多了晶亮感，
眼睛水潤誘人

「我會搭配妝感使用！」晶鑽亮粉 No.1、No.2、No.3／MAKE UP FOR EVER

不摩擦
是絕對原則！

眼妝的卸法

1 以化妝棉沾取卸妝液，在眼睛上方敷10秒。輕輕往下滑。

2 眼線要用沾取卸妝液的棉花棒。仔細擦拭眼眶。

3 用沾取卸妝液的化妝棉夾住睫毛，以棉花棒從根部卸除睫毛膏。

美女的小技巧

養成美麗的側臉！

從左右兩邊拍攝側臉，了解自己哪一邊的側臉比較迷人。

妳知道自己的左臉和右臉，哪一邊比較美嗎？模特兒和女明星，都知道自己哪一邊的「側臉」比較誘人。希望每個人看到的自己都一樣美麗，牽手的時候、坐下的姿勢、照片的拍法或是撥頭髮的片刻，都能在瞬間算計。隨時都能展現自己最美的一面，這種安心感能讓妳更有自信。

如果覺得自己的左臉比較美，請把頭髮撥到右邊。

想再見妳一面的

邂逅妝

♥

邂逅時，彩妝重點在於「好像有機可趁」的心機不完美，以及展現溫柔，製造「應該不會被拒絕吧？」的感覺。只要運用刺激對方佔有欲的「美麗」，再加上不完美與溫柔感，最強、最棒的邂逅妝容就完成了♡

How to Make 邂逅妝

1 眼影選擇襯膚色的米色系。輕輕刷滿整個眼窩。

2 以棕色眼影畫一條從黑眼球到眼尾的眼線。選擇帶亮澤的紅褐色。

3 留下眼頭3mm不畫，用棕色眼線填滿眼眶。效果更自然。

4 想在眼尾畫出纖細的線條，請用平筆刷。以筆刷沾取眼線膠。

5 從眼尾延長3mm。不要往上拉，平行拉長，加強女人味。

推薦棉花棒的小技巧！

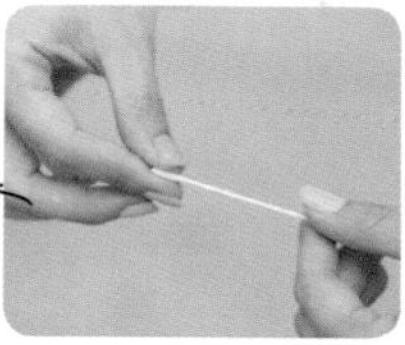

不會用筆刷的話，也可以利用棉花棒。將棉頭壓扁，才能畫出細線。

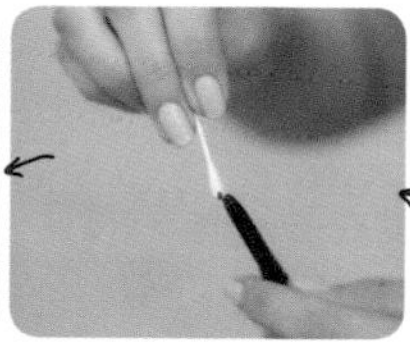

用壓扁的地方沾取眼線膠。注意不要沾太多眼線膠。

跟平筆刷一樣，以棉花棒的尖端在眼尾畫出眼線。不要用力，輕輕滑動即可。

6 提起上眼皮，畫內眼線。畫在眼頭到眼尾的黏膜。

7 黑眼球下方畫上淺米色眼影。讓臥蠶更飽滿，眼睛更水潤。

8 將綿花糖粉紅刷在臉頰較高處，刷成橫長條形。較高的腮紅呈現優雅的性感。

我的愛用品♡

pepit♡

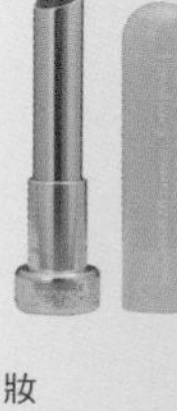

名伶潤澤唇膏 PK-1／Lavshuca

戲色朝妍腮紅 PK-3／Lavshuca

菲希歐雙面女伶眼彩盒 BE-1／Fasio

使用產品

柔礦迷光唇膏 # Smart & Sweet／M·A·C

CHICCA Flush Blush #04（蕊），外盒／Kanebo（台灣未發售）

LUNASOL晶巧光璨眼盒（艷采）#01／Kanebo

目標純真的情色感

初夜妝

♥

無論何時，女孩都不想失去初夜時那種不經人事的羞赧。因為這份羞赧總能撥撩男人的心。潤澤肌、雙頰從內側泛出來的血色，以及宛如咬唇般的唇色。眼妝不要太濕潤，重視自然感，刻意營造健康的情色感。

利用因羞怯而泛紅的膚色
將男人玩弄於股掌之間！

How to Make 初夜妝

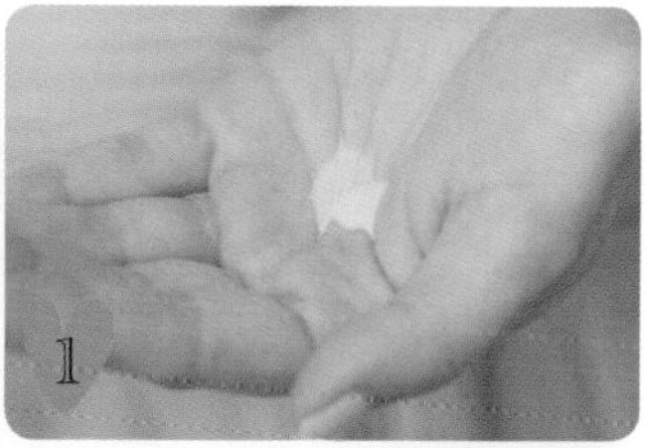

1 為了展現裸肌的感覺，只上隔離霜。混合藍色與粉紅色。

2 用海綿塗上自然血色的腮紅膏。塗成橫長條狀，宛如從內側透出來的氣色。

3 眼線只要畫眼尾就行了。畫一條有如蜘蛛絲般的極細眼線。

4 唇彩也選擇血色系。和腮紅配成一套，像是從內側滲出來的血色。

我的愛用品♡

pepit♡

絲柔腮紅霜#04／CEZANNE

唇彩水蠟筆#02／CANMAKE

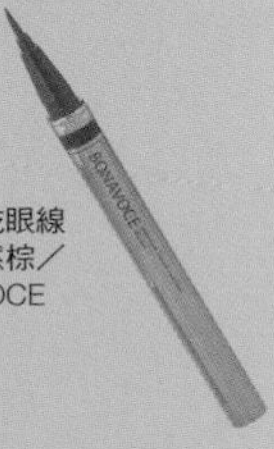

極細速乾眼線液筆自然棕／BONAVOCE

使用產品

CHICCA Flush Blush #11（蕊），外盒／Kanebo（台灣未發售）

情挑誘光水唇膏#14／YSL

黑緞帶眼線筆#1／YSL

與妳數度墜入情網

新鮮感彩妝

♥

臉部表情越多，越容易讓別人愛上妳。展現自己的另一面，更能刺激對方的佔有欲與愛情哦♡ 效果很好，幫妳跳脫一成不變的感覺。對情人或是單戀對象都很有用，「展現前所未見的另一面」，這樣的新鮮感百利而無一害♡

How to Make 新鮮感妝容

1 在眼皮刷上霧面米色。大範圍暈染至眉毛下方，消除眼睛的暗沈。

2 收縮色用棕色，刷的範圍略粗於眼褶。由睫毛根部往上暈染，刷出自然的漸層。

3 下眼皮也刷上同樣的棕色。暈開眼眶部分，將睫毛的空隙填滿。

4 在上眼皮的睫毛根部畫一條明顯的眼線。用黑色或深褐色，營造深邃感。

5 上下眼皮都畫內眼線。將黏膜塗滿，性感的全框式眼線。

6 用棉花棒的前端暈開邊緣，維持強度。這一個步驟讓全框式眼線更優雅。

7 眼皮中央點上透明底色的亮粉。加上自然與立體感。

8 在眼睛下方以放射線狀畫上液狀提亮產品。散發光感的光澤肌。

9 用手指輕點推勻。帶出立體感，表情更豐富！

10 上完腮紅之後，在雙唇畫上嫩粉紅。以筆刷仔細上色，填平唇紋。

我的愛用品♡

pepit♡

極緞絲柔修容盤 #01／CEZANNE

水漾粼光唇膏 OR-2／Lavshuca

澄透光景眼影盒 #02／Lavshuca

使用產品

絲絨眼彩寶盒 #01／Jill Stuart Beauty

甜心愛戀顏彩盤 N #05／Jill Stuart Beauty

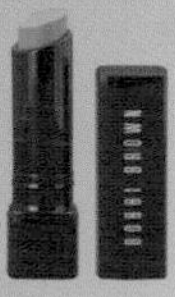

潤采唇膏 #04／BOBBI BROWN

針對提升美人度的重點♪

3分鐘快速妝

最關鍵的重點是肌膚、臉頰、睫毛、雙唇！利用快速底妝淡化膚色不均的問題，再用腮紅與有色護唇膏加強血色，刷上睫毛膏加強睫毛就行了。

隨性的感覺
反而更時尚♡

1 底妝選擇快速的BB霜或CC霜。由臉的中心向外推勻。

2 膏狀腮紅為雙頰增添微微的血色。取海綿用輕點的方式上妝。

3 用海綿殘留的腮紅輕點下巴。緊緻輪廓，加強小臉效果。

4 眼妝只上睫毛膏。刷頭深入根部，突顯眼睛的輪廓。

5 有色護唇膏直接塗抹在嘴唇上。保濕同時增加血色，完成了。

く字眼線

在眼頭く字部位塗上藍色眼影，讓白眼球更白皙。放大雙眼。

底妝

上完粉底之後，塗上藍色飾底乳。以指腹輕點推勻，增加透明感。

只要混入藍色，肌膚瞬間透亮

綻放
透亮光采

藍色的心機用法

♥

年輕並不是美女不可或缺的要素，關鍵在於新鮮感。不管活到幾歲，唯有高透明度的純真光采，才能讓妳耀眼迷人。睡眠不足的日子，或是疲憊的日子，只要加上一點點，即可讓妳純真誘人，這就是藍色的威力。

我的愛用品♡

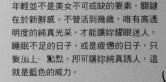

透明感的藍色，為眼神帶來變化

「疊擦上米色眼影上，強調透明感！濕潤的光澤妝點可愛的眼神。」迷光眼采粉 #33／THREE

自然的遮瑕力，完成光感肌膚

「液狀遮瑕膏。用於眼影打底，或是畫在眼睛下方，呈現清透妝感。」液狀遮瑕筆 EX-03／RMK Division

畫在眼頭く字部位，提亮全臉膚色！

「水汪汪的瞳孔可以加強眼神。蠟筆畫內眼線也很好用。」霧光雙采筆 #03／RMK Division

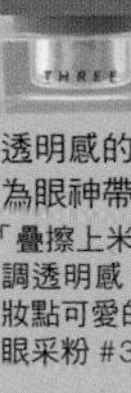

不會泛白，融入膚色，激發理想的透明感

「非常好用，呈現自然透明感。消除肌膚暗沈，就算沒睡飽也不會露餡（笑）。」淨透控色乳 EX #BLUE／IPSA

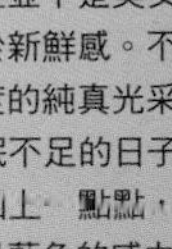

水藍色的光芒消除暗沈，呈現透亮眼皮！

「透明感超強的藍色，讓眼皮呈現傲人的透明感。雙瞳更誘人！」Eye Shadow # Ice Storm／ADDICTION BEAUTY（台灣未發售）

「乾爽&輕柔的質感，打造宛如綿花糖般的可愛雙頰！給人溫柔又甜美的印象。」極緻絲柔修容盤 #02／CEZANNE

「優雅的亮粉超可愛。不會飛粉，完全密合眼皮。放大眼睛的效果非常好。」天使晶瞳眼影盒 BE332／INTEGRATE

※編輯部調查

「粉紅棕打造墜入情網的少女迷濛眼神！同時擁有性感與可愛。」Love Switch Pink Brown 睫毛膏L／FITS Corporataion（台灣未發售）

每天都Happy！可愛的化妝品

「我喜歡濃稠的質地♡塗在乾燥的部位，肌膚飽滿有彈力。」Skin PEACE 高保濕美容乳霜／Studio GRAPHICO（台灣未發售）

※編輯部調查

「這麼便宜，還附一支好用的刷具，太優秀了！總共有四色，可以變化出各種色彩。」Visee Richer Blend color Cheeks PK-4／Kose（台灣未發售）

「洗淨毛孔深層的污垢，使肌膚明亮。不容易長痘痘，暗沈也一掃而空。每週使用2～3次。」Cleansing Research Soap／BCL（台灣未發售）

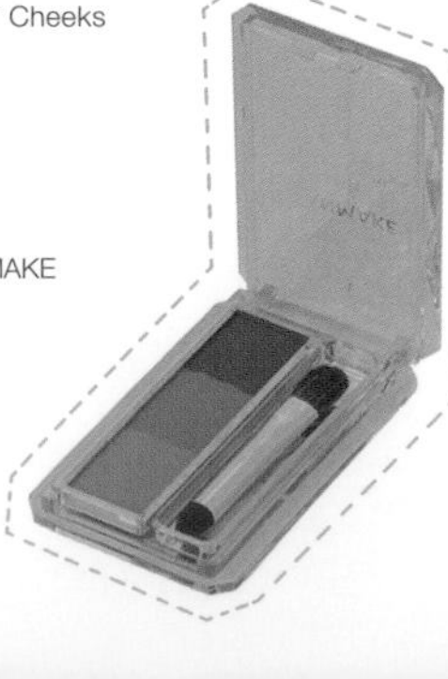

Mix Eyebrow #01／CANMAKE（台灣未發售）

「慕絲般的質地，讓雙唇柔嫩軟綿。流行的霧光質感也很棒。」啞色慕絲唇彩 #01／CANMAKE（台灣未發售）

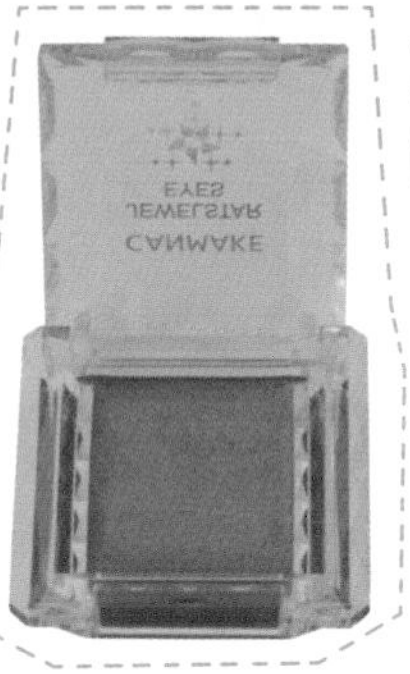

「透明的質感，打造立體眼妝！不需技巧即可暈染漸層，閃耀光澤。」炫光朝露眼影＃06／CANMAKE

「洗去多餘的角質，洗完臉後馬上亮一個色號！用於特殊保養。」suisai 藥用酵素洗顏粉 0.4g×15 個／Kanebo

「除了當睫毛定型液之外，也能當眉毛定型液。帶一點光澤，感覺很新鮮。」晶瑩眉睫兩用膏／CEZANNE

輕鬆變身當紅妝容☆ 現上馬上就能嚐試的流行產品！

擁有百變風貌，正是女孩的魅力所在。嚐試各種美妝品吧！這裡精挑細選出現在馬上就想嚐試的產品。365天，讓妳天天開心的化妝品們♡

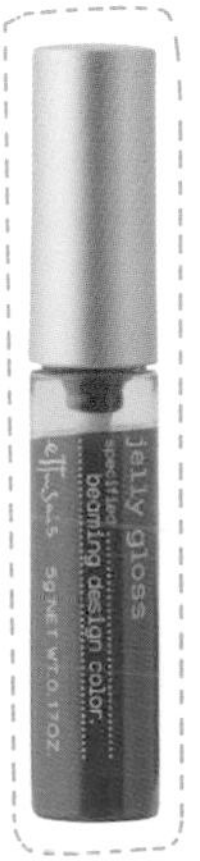

「宛如果凍般Q嫩的雙唇。我最喜歡透明紅色透出膚色的感覺了！水潤、Q彈的妝感。」果凍唇蜜 RD1／ettusais

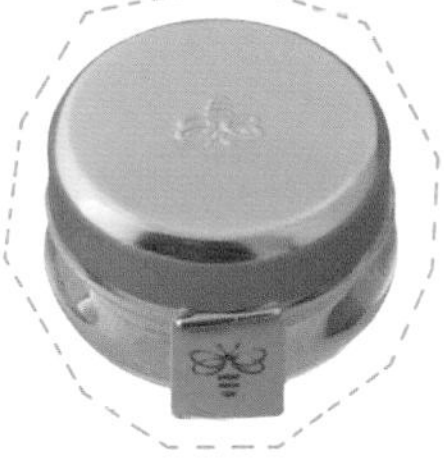

「睡覺前先確認肌膚的狀態，太乾燥的時候，我會再疊擦這款面霜。可以隨身攜帶，非常方便！」蜂皇高效逆時活顏霜／SKINFOOD

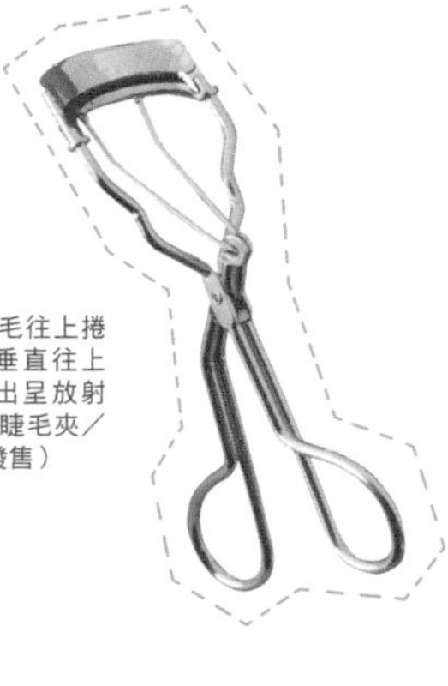

「貼合眼型，讓睫毛往上捲翹。不會從根部垂直往上翹，可以輕鬆夾出呈放射狀展開的扇形！」睫毛夾／Koji本舗（台灣未發售）

「溫和卸妝，不造成肌膚負擔。觸感滑順，還能鎖住肌膚水份。」舒顏潔膚凝膠／Kanebo

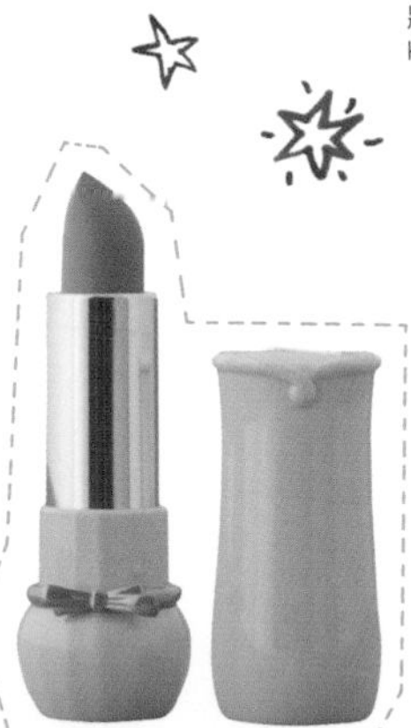

「外型也很可愛的招桃花裸色。各種情境都能使用！」心花朵朵開～魔力之吻愛戀唇膏 BE101／ETUDE HOUSE

「在粉紅色中混入少許膚色，刷在臉頰上帶一點光澤。含微細珠光，肌膚光滑可愛♡」甜心蜜頰彩 PK2／ettusais

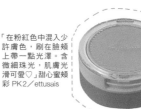

關鍵是深色口紅

為了與眼鏡的存在感較量，在臉的下半部增加重點，馬上就多了幾分時尚感，更有深度了。深色口紅不要塗滿，重點是用指腹輕點上色！

隨性的妝感，讓眼鏡顯得更加時尚

深色口紅

黑框或玳瑁框眼鏡的小臉效果最棒！跟粉紅色和紅色腮紅一樣，都能顯得肌膚柔嫩。水藍色也有讓膚色透亮的效果。不要選擇帶灰感的色調，是最大的原則。

鏡框攻略

我愛用的是黑框和玳瑁框。臉看起來小了一號，眼睛也變大了，是我的強力好夥伴。我故意挑選男性化的鏡框，給人一種男性沒有的柔美氣質。

置之不理會形成斑點、細紋、鬆弛與毛孔問題

補妝請用「乳液」!

污垢與化妝品混合後，如果再照射紫外線，肌膚將會迅速老化。用乳液擦拭，還能補充水份與油份，喚回剛保養完的滑嫩肌膚。

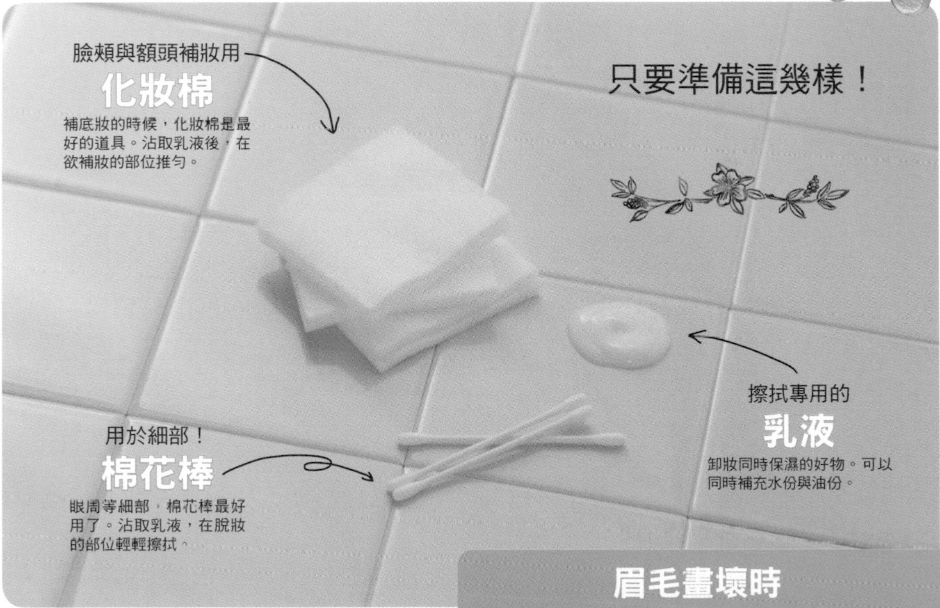

只要準備這幾樣!

臉頰與額頭補妝用

化妝棉

補底妝的時候，化妝棉是最好的道具。沾取乳液後，在欲補妝的部位推勻。

擦拭專用的

乳液

卸妝同時保濕的好物。可以同時補充水份與油份。

用於細部!

棉花棒

眼周等細部，棉花棒最好用了。沾取乳液，在脫妝的部位輕輕擦拭。

補妝的愛用工具

膚觸溫和，
可以放心使用!

「膚觸極佳，非常柔軟。尺寸比較大，用來補妝很方便。」純天然有機無漂白柔軟化妝棉／chant a charm

隨時隨地
都能補妝

「含橄欖油，可以迅速卸除彩妝。橄欖油的效果連細紋都能撫平!」純欖棉花棒／DHC

這款棉花棒的
纖細度與硬度超棒

「我推薦的極細棉花棒。這款甚至還能拿來畫眼線、暈染，適合纖細作業的優秀道具。」棉花棒／私物

眉毛畫壞時 修正眉妝的方法

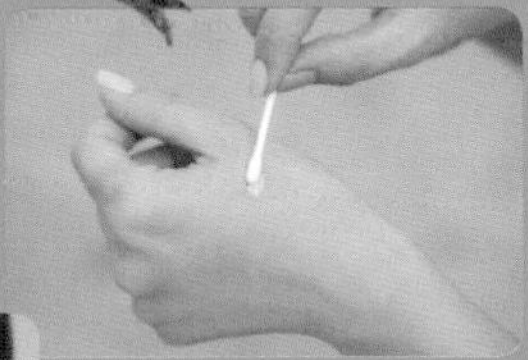

1 用棉花棒沾取粉底液或粉底乳。代替卸妝液。

2 用棉花棒輕輕描繪畫壞的地方。將左右修成相同的形狀。

3 以指腹將眼皮上剩餘的粉底液推勻。左右均等的美形眉完成了。

魔法化妝品

「眼周呈現驚人的透明感。擦這款眼影之後，連膚質都被誇好。」上質光・晶漾持色保養眼彩 #42／SK-Ⅱ

塗上的瞬間就是透明肌

公主氛圍♡

「只要放在梳妝枱，就會覺得自己會越來越漂亮！」浮飾玫瑰經典腮紅（蕊）#02、浮飾玫瑰經典腮紅盒／Laduree

「奶油珊瑚色♡ 優雅、可愛又有女人味。散發溫柔無瑕的氣息。」情挑誘光水唇膏 #15／YSL

肌膚好軟好嫩

變身美女的刷具

「刷具也是給人好心情的道具。腮紅可以讓女孩變得極度可愛，刷腮紅的工具當然也很重要。選擇刷具時，一定要精心挑選！」刷具／yopico

越貪心，越美麗

「江之島神社中津宮的美人御守。我每年都會去參拜，祈求自己變美麗。」御守／私物

讓女孩變漂亮的嚴選工具

我曾經幫無數的女孩化妝，只要使用這些化妝品，大家都變得好可愛，可以說是神級美妝品。其實我真的很想藏私……。

好女孩的香氣

「能量石的髮圈，也能提升秀髮的透明感。悄悄守護妳的秀髮♡」Crystal Quartz Pony（黃水晶）／colette malouf（台灣未發售）

頭髮也要
偷偷放守護石

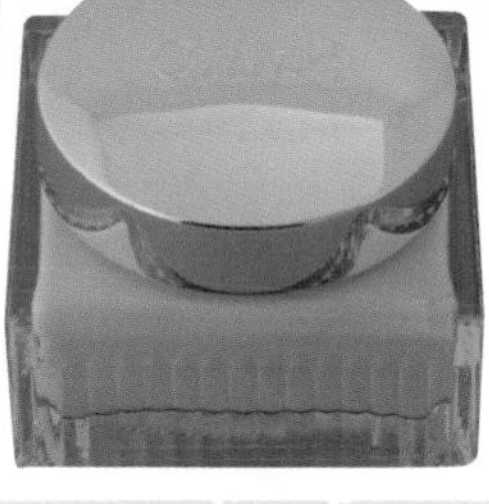

「先擦上再就寢，晚上也能讓妳散發女人味。隱約的香氣，不會太濃郁。」Chloe Perfumed Body Cream／Chloe（台灣未發售）

回購第10支

「每個人擦都可愛的萬用色。用手指輕點上色，兼具可愛與性感，絕妙的微紅臉蛋！」魔影幻彩唇膏 #601／ANNA SUI

想變可愛看這裡♡

說不定會遇到好事♡

「剛發售的時候就有人傳說它是可以實現心願的幸運鏡。可愛的鏡子用起來也很開心！」魔鏡／Paul & Joe

「很襯膚色，而且看起來非常溫柔、可愛。受到許多男性的好評！」巴黎訂製修容餅 #02（一組）／Paul & Joe

一定會被男孩誇獎

結婚率No.1的顏色

「讓女孩更可愛的人氣桃花色！還可以請專櫃幫忙刻上自己的名字。」純色晶灩極炫色唇膏 #01／Estee Lauder

日曬後、大病初癒、青春痘、
花粉症還有生理期之前……

肌膚敏感時的保養&彩妝

今天可以化妝嗎？讓怎麼保養呢？在這種時刻，最重要的是提高肌膚的防禦機能。再敏感的日子，也能過得開心又可愛。

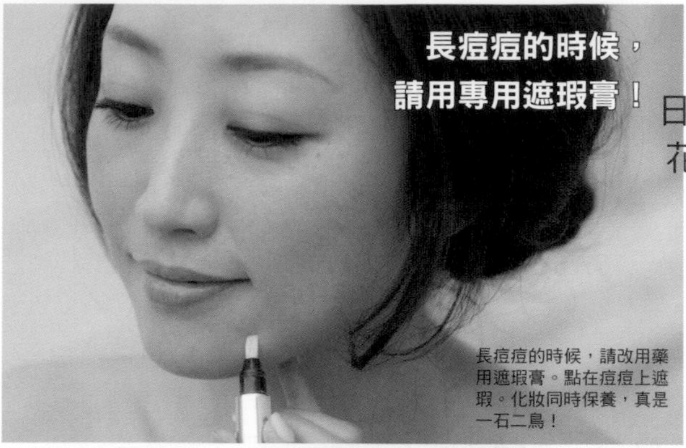

長痘痘的時候，請用專用遮瑕膏！

長痘痘的時候，請改用藥用遮瑕膏。點在痘痘上遮瑕。化妝同時保養，真是一石二鳥！

肌膚特別敏感的時候，請用蜜粉保養肌膚

肌膚敏感的時候，有很多人選擇什麼都不擦，這是不對的。這麼做可能會影響肌膚的防禦機能，連真皮都受到損傷。請塗防曬油，再輕拍一層蜜粉。

用防水型眉筆畫眼線

花粉症等過敏，眼妝容易被淚水暈染，請使用防水型眉筆或是眼線。只要在眼尾畫眼線，即可加強美人度。

可靠的保養品們

溫和卻擁有很強的防禦力！

「肌膚情況不佳的時候，這款用起來完全不刺激，非常棒。我也很喜歡它不乾燥、水嫩的感覺。」Mild Sunshield（SPF28・PA++）／ACSEINE（台灣未發售）

一瓶完成所有保養

「對應所有肌膚問題的萬用乳霜。我會配合當天的肌膚狀態與心情，搭配乳液使用。」金盞花保養霜／WELEDA（台灣未發售）

敏感的日子也要有綿花糖肌

「可以反射紫外線，對肌膚很溫和，相當優秀。」純天然薄紗珍珠棉花糖防曬蜜粉（SPF20・PA++）／naturaglace

撲滅痘痘

「睡眠不足或是工作忙碌，壓力比較大的時候，下巴總是冒痘痘！這種時候，我會先塗這支再上妝。」急效抗壓馴荳精華／IPSA

保養同時變美麗

「長痘痘的時候，有了它就能抬頭挺胸。讓人放心的產品。」藥用荳蔻遮瑕筆／ettusais

乾淨才能帶來美麗

刷具的保養技巧

不管是哪一種工具，隨時做好保養，維持「能發揮最佳效果」的狀態，才是打造美女的最低要求。

讓色彩交融的眼影刷

CHICCA Perfect Smoky Eye Brush（M）、（S）／Kanebo（台灣未發售）

梳理眉毛後，看起來更自然

EYEBROW BRUSH SCREW／ADDICTION BEAUTY（台灣未發售）

用粉底液畫出裸肌感

FOUNDATION BRUSH／ADDICTION BEAUTY（台灣未發售）

腮紅刷絕對能讓女孩變可愛！

yopico／私物

不需要技巧即可打造HAPPY臉龐的腮紅刷

CHICCA Perfect Face Brush／Kanebo（台灣未發售）

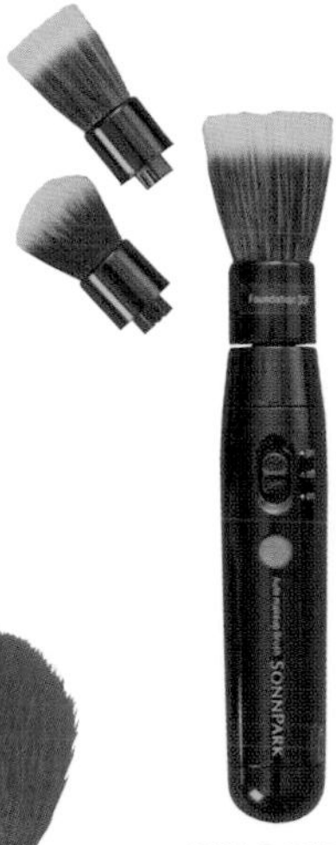

自動旋轉的腮紅刷，就像拋磨過一樣光亮

SON & PARK震動刷具／私物

化妝刷的保養方法

使用美麗的物品，能擴大美麗的範圍。同樣的，使用膚觸良好的東西，能讓自己的肌膚更柔軟。尤其是化妝刷具，非常纖細。請隨時保養，維持毛流哦。

使用專用清潔劑，仔細保養！

純淨刷具清潔液／MAKE UP FOR EVER

筆刷清潔劑／植村秀

抗菌海綿清潔液／MAKE UP FOR EVER

彩妝只不過是
一種讓妳更有魅力的道具。
一旦別人覺得妳「很會化妝」，妳就輸了。

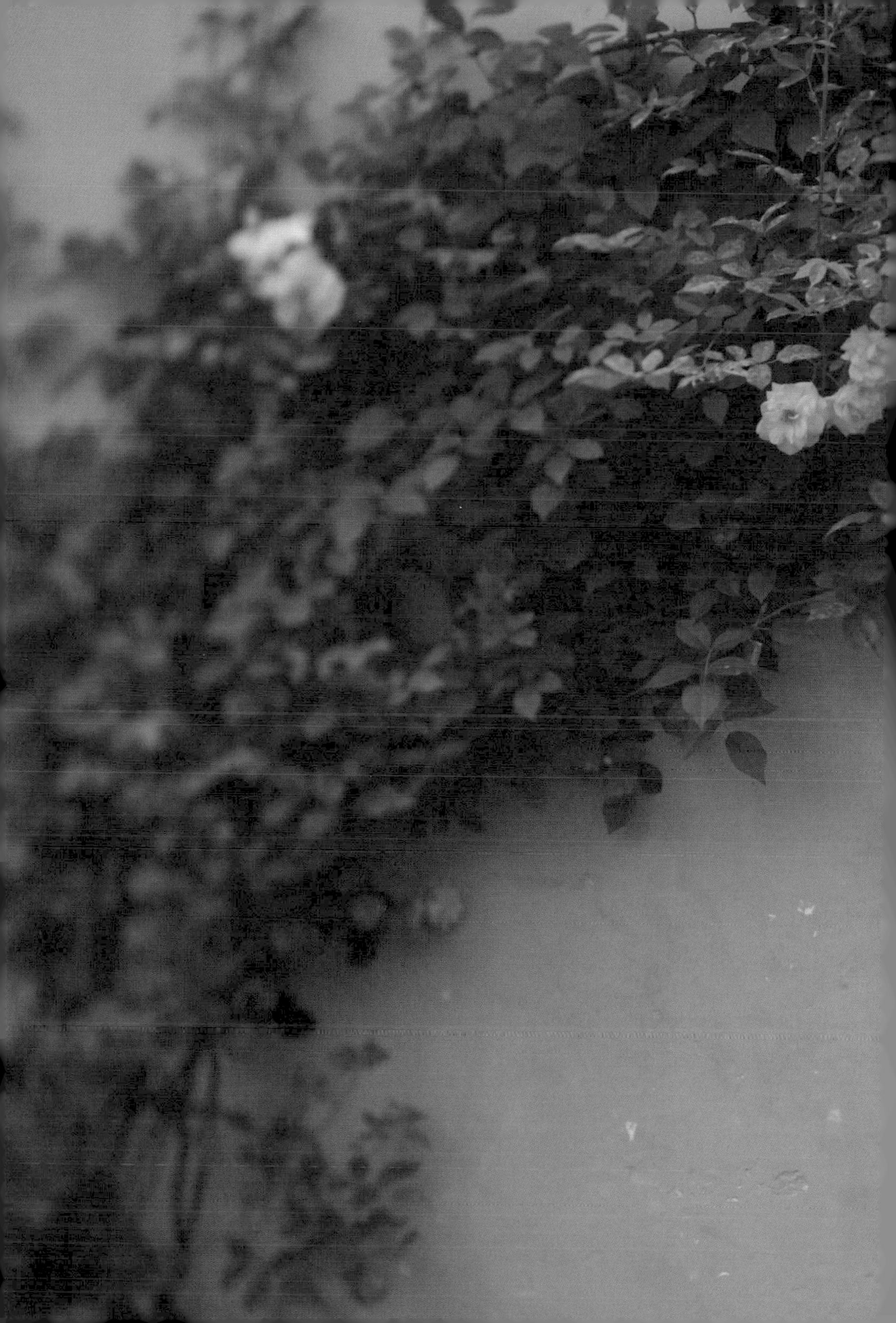

Body

第3章

抱起來很舒服的軟綿身材是人見人愛的女性專屬的才能

雖然肌肉很有彈力，
摸起來卻軟綿綿。
這才是女性的理想身材。

喚起本能的身材，不是靠身型而是靠質感

注重男性
沒有的柔軟與滑順

人都會受到自己
所沒有的事物吸引

大家都會無條件的愛上柔軟、摸起來舒服的東西。培養吸引男性本能，摸過就戒不掉的軟綿綿身材吧！

搭配刮痧板使用！

「將按摩油抹在想瘦的部位後按摩。肌膚更緊實，按摩後的肌膚滑順好摸！」天然樺樹按摩油／WELEDA

保養下垂的臀部！

「臀部好像有點下垂……，快使用這瓶。確實可以看到肌膚的變化！」紅魔塑勻體精華／克蘭詩

破壞橘皮組織！

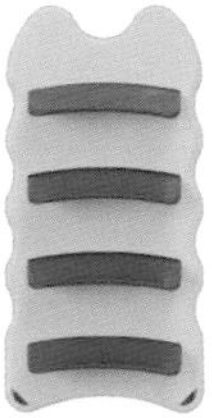

多功能按摩板／克蘭詩

給予刺激，
讓肌膚更有活力

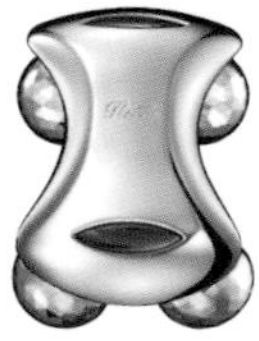

「兼具按摩與緊緻作用，非常好用！讓手臂和腰線更緊實！」ReFa for BODY／MTG

促進循環的
效果超強

「感覺可以放鬆因老廢物質、橘皮組織或水腫形成的僵硬。想要快速瘦下來，不妨用它來幫妳。」美活沙陶瓷按摩板／AYURA（台灣未發售）

鬆弛深層肌肉

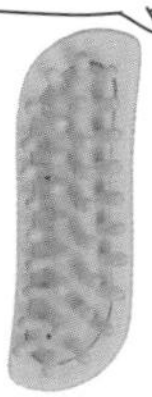

「用起來很舒服，不僅能放鬆肌肉，也能放鬆心靈。促進血液循環，讓身體更緊實！」Body Shape Brush／WELEDA（台灣未發售）

女人不靠瘦，需要的是「纖腰」

女性一定要重視恰到好處，有點肉感的腰線

深層肌肉有彈力，包覆的肌肉Q彈軟綿。這才是女性特有的身體。需要強化的是腰線。腰線跟胸部大小與臀部大小無關！只要擁有曲線玲瓏的腰線，胸部和臀部都能給人超越實力的印象♡

睡覺時
培養女人味

「賦予女性潤澤的香氣。質地柔軟，肌膚非常滑嫩。」靜眠美膚身體潤膚乳／Neal's Yard Remedies

夏威夷氣息

「細緻的磨砂膏，打造細緻肌膚。夏威夷風格的香氣，也有極佳的療癒效果。」木瓜芒果去角質沐浴乳／alba BOTANICA（台灣未發售）

吸引男性的身材

「茉莉的香氣喚醒女性本能。打造令人迷醉，柔軟＆光滑的肌膚。」SABON 身體磨砂膏 茉莉花語／SABON

才不是「越大越好」！

柔軟又真材實料的胸部使人迷亂

偶爾要「放下」
呈現真實的重量感

仔細觀察胸部比較大的女生，會發現胸部會因為重量而下垂。穿著貼身的毛衣或平口洋裝時，不妨將胸罩往下調吧！這樣會讓妳看來更性感。

「含美容成分，維持胸部柔嫩！含大量保濕成分，滋潤肌膚。」Bust-Lift Cream Special／Dr.Ci:Labo（台灣未發售）

「賦予彈力與潤澤，改造肌膚質感。持續使用後，有效改善肌膚透明感。」拉提美V凝露／YON-KA

「拉提隨年紀老化而失去彈力的胸部。讓胸部的肌膚緊緻、有彈力。」牛奶果美胸霜／克蘭詩

推薦胸部美容液

重點是飽滿又挺翹
摸起來非常柔軟，
幾乎不像人間所有物

沒有內褲痕的
HANKY PANKY
蕾絲丁字褲

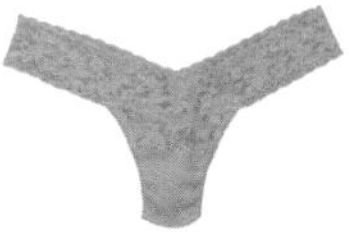

自然集中的W鋼圈

搭配服裝的小可愛

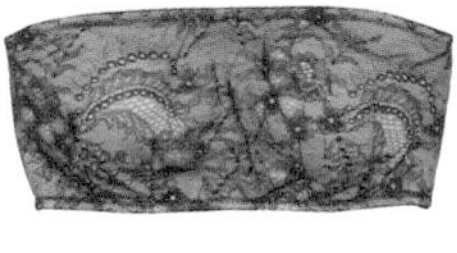

可愛女孩的性感

在清純的服裝下，
穿著黑色內衣，
添增魅力

身型超漂亮！

「國外的名媛們在穿著禮服時，都會穿這條塑褲。不會擠肉，還能雕塑女性化的線條。」高腰塑身褲／Wacoal（台灣未發售）

可以純真也可以情色

學會宛如天生麗質的
美胸方法以及綿花糖般的
質感吧♡

全力托高的內衣，看起來假假的，這種內衣NG！人造感出局了。

讓人聯想到美人

纖纖玉手的保養方法

「手」完全騙不了人。從手可以看出女人的本性。個性、生活、歲月都會在手上留下痕跡，就某種意義來說，比臉更需要保養。牽手的時候，翻閱菜單的時候，都要擁有一雙能讓人確信「她是貨真價實的美女」的手。

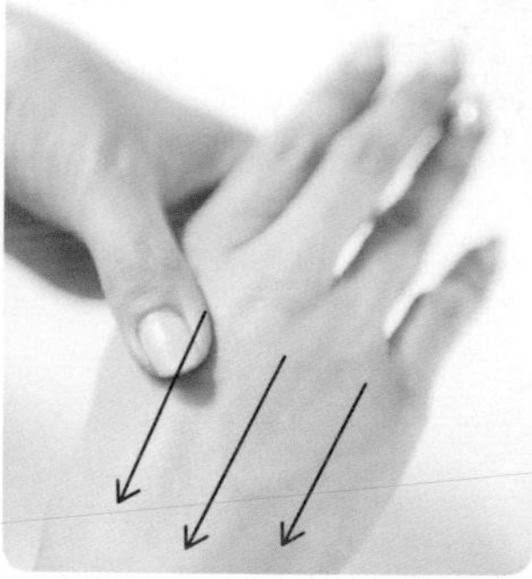

1 塗抹護手霜或油類，由手指根部往手腕方向推滑。

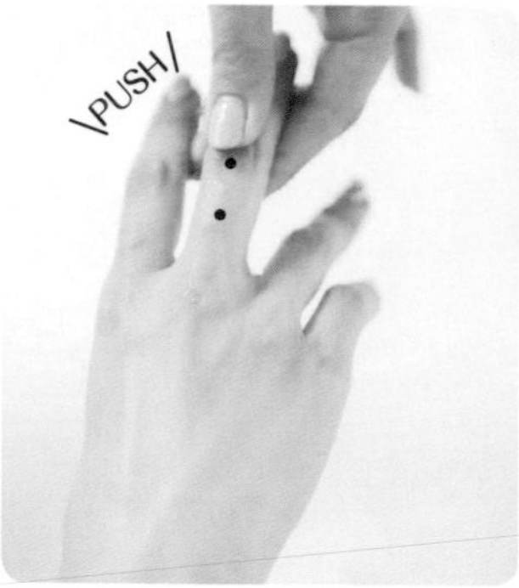

2 用另一隻手夾住前後手指。由根部慢慢按壓到指尖。

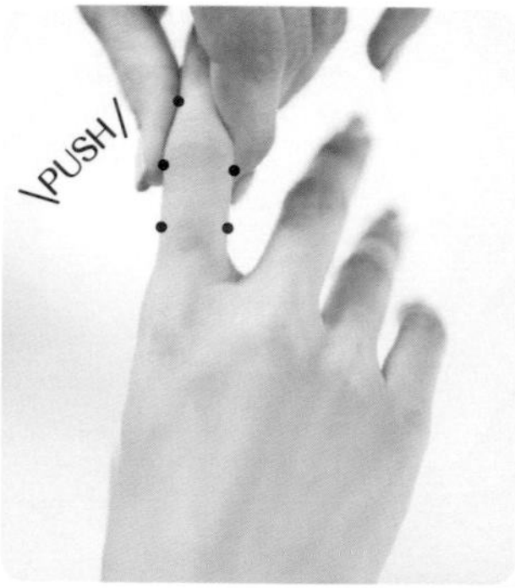

3 以同樣的方式按壓手指側面。往指尖方向滑動。

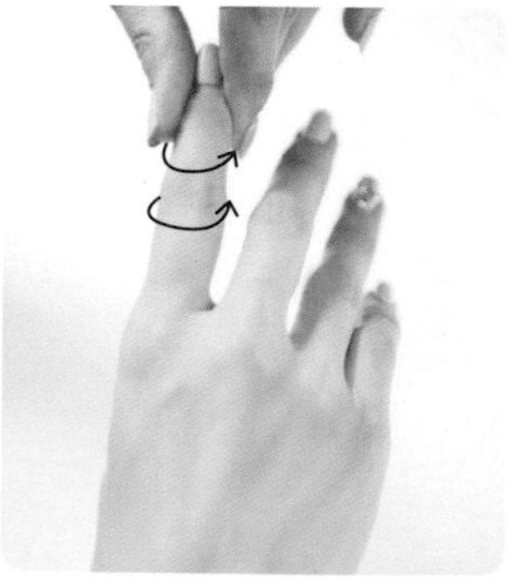

4 將手指由根部往指尖方向轉，消除水腫！

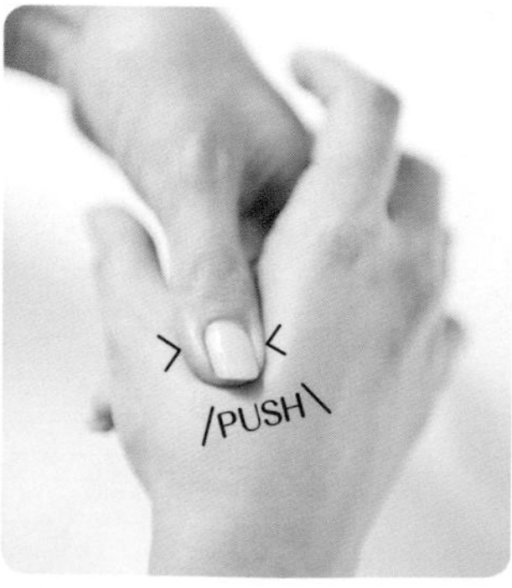

5 按壓大姆指根部。要用有點痛又有點舒服的力道！

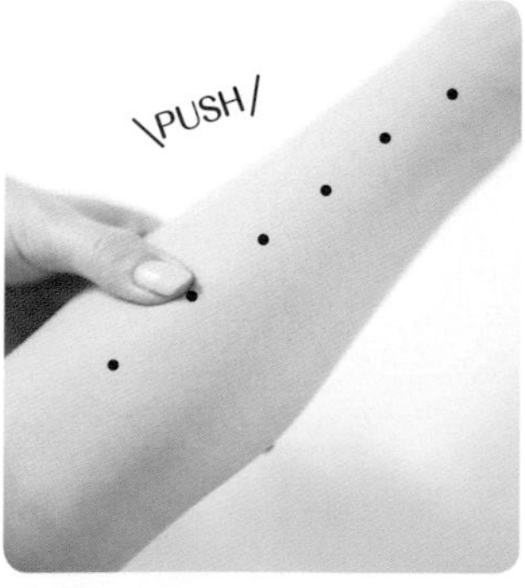

6 手臂一樣塗抹護手霜或油類，由手腕往上按壓。

「特別的日子，我會塗上這瓶，並且戴手套睡覺。第二天早上皮膚好光澤。想和某人牽手時也可以用這招♡」抗皺活膚纖手精華 75㎖／希思黎

「搭配按摩，可以消除水腫，讓手更纖細！」中國茉莉活力按摩油（228㎖）／SPARITUAL

「肌膚飽滿，淡化細紋與毛孔！感覺肌膚又回復以往的彈力了。」晶潤玫瑰護手霜／Kanebo

「玫瑰的香氣讓妳散發女人味！肌膚潤澤，不黏膩。」Rose Cashmere Handcream／Panpuri（台灣未發售）

打造纖纖玉手的
實力派美妝品♡

「滑順水嫩的質地。塗完乳液後一樣光滑！膚色也變亮了。」Eclat Splendeur Handcream／Sonia Rykiel（台灣未發售）

「同時保養雙手與指甲。包裝很可愛，質地與檸檬草的香氣也很棒。」Solitude Luminous Hand&Nail Cream／Panpuri（台灣未發售）

「筆狀設計，攜帶方便。白天乾燥的時候，或是碰水之後都能使用。」AVOPLEX指甲專用的精華液．指緣筆／OPI

「容易吸收，肌膚好滑嫩！預防脫皮與乾燥，加強彈力。還能淡化細紋。」石榴再生護手霜／WELEDA

指彩是
自己施展的魔法

大膽玩指彩

妳知道嗎？多看看美麗的事物，也能讓自己變美麗哦！如果隨時映入眼簾的指甲很漂亮，自然能讓妳更接近美人。指甲就是讓人擁有美人心情的特別部位。

配合自己的心情選擇指彩

「我要變漂亮～♡」、「我要變可愛～♡」配合自己理想的形象，幫自己換上美麗的指甲造型，不管是心靈還是外觀都會更接近自己心目中的形象哦！指彩不只是外觀的印象，還擁有自己暗示的能力，一定要挑選自己的理想形象♡

女孩喜歡的指彩

女孩重視流行！
關鍵在於混合幹練與流行♡

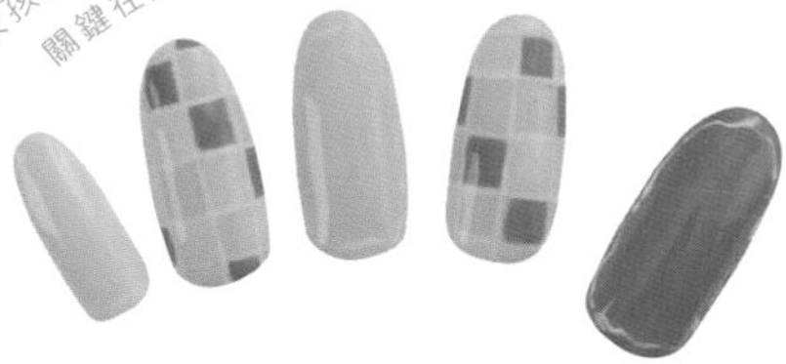

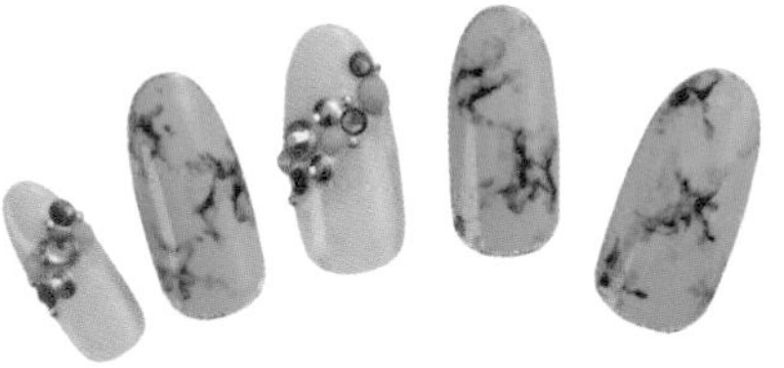

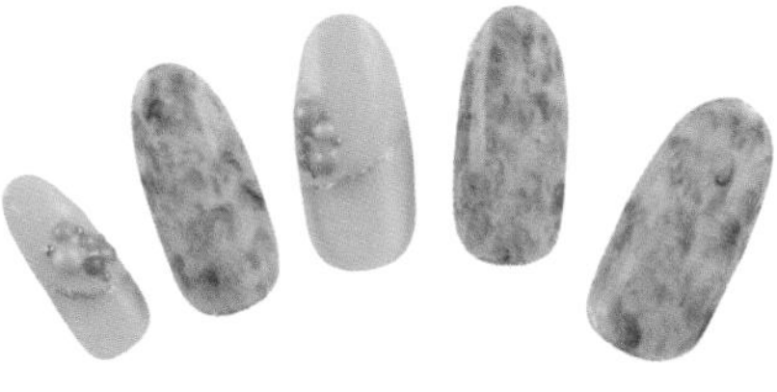

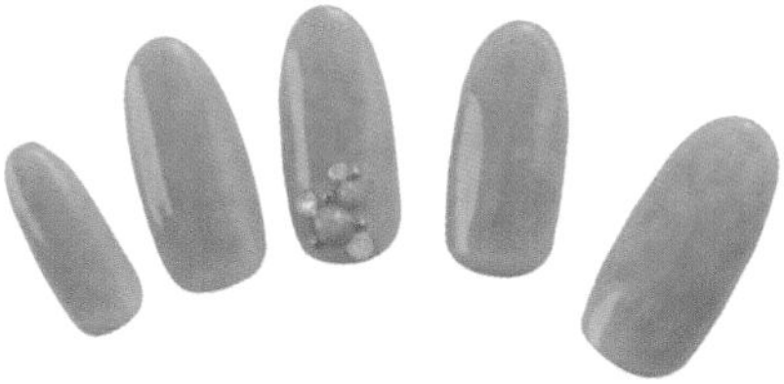

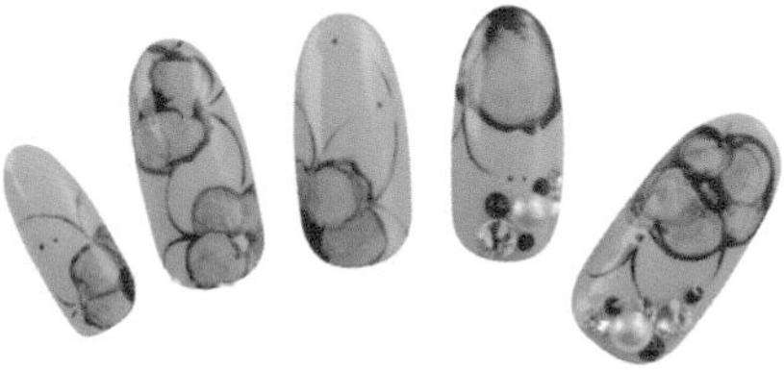

男孩喜歡的指彩

男孩喜歡簡單的底色加上一點點特別的感覺♡

＼ 我常去的美甲沙龍！ ／

Nail BLANKA

Nail BLANKA

ADD 神奈川縣大和市中央林間5-10-19
TEL 046-272-2933
OPEN 10：30～21：00
最後服務時間19：00
CLOSE 星期二
URL http://www.nail-blanka.com/

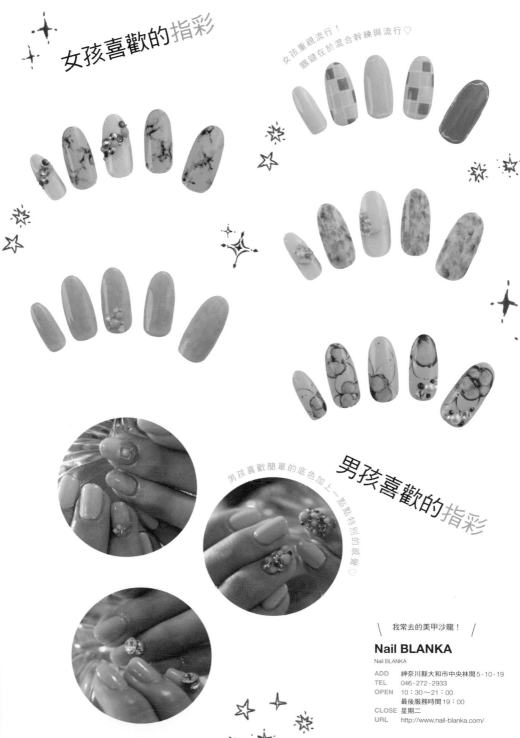

亮麗、飽滿！

在家塗出沙龍級的美甲♡

只會塗指甲油無法打造讓人失神的雙手！
不用花錢，不用去美甲沙龍，也能擁有一雙纖纖玉手。
只需要一些小秘訣！

1 將手指浸泡在盛了溫水的碗中。一直泡到甘皮軟化。

2 將濕棉花捲在橘棒上，將甘皮往上推。

3 將紗布捲在手指上，用紗布推掉甘皮下方的薄皮。

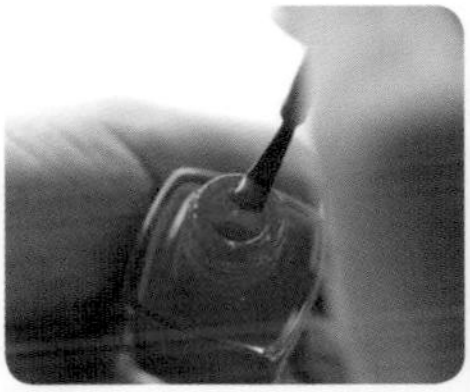

4 先塗基底護甲油，刮掉筆刷前端多餘的指甲油，使刷頭均勻沾到指甲油。

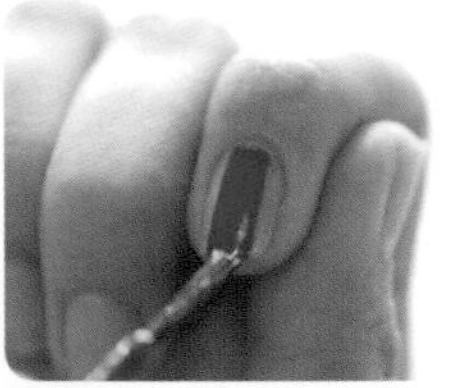

5 從指甲中央開始塗起。筆刷從根部滑到指尖。

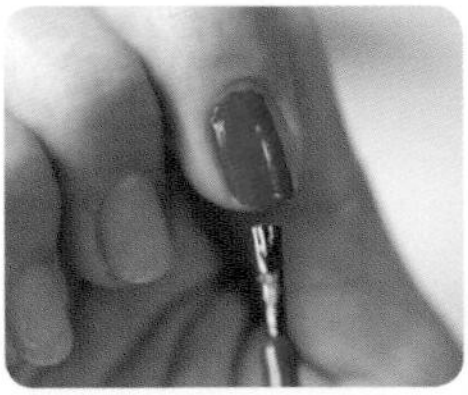

6 指甲左側也一樣，從根部滑到指尖，不要用力，輕輕塗抹。

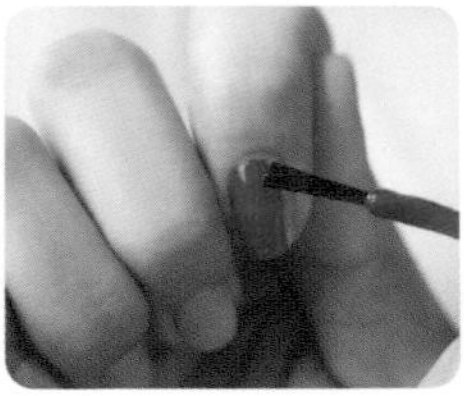

7 另一邊也一樣。描繪指甲油重疊的部分，保持平整。

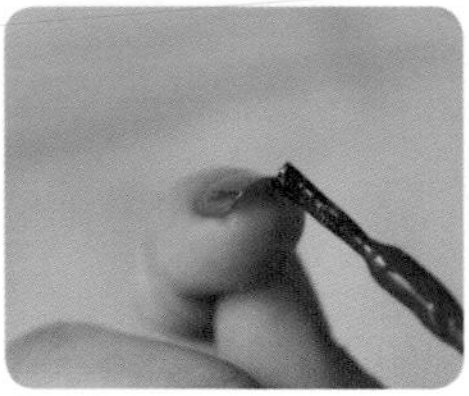

8 邊角部分也要塗指甲油。比較不容易剝落，更美觀。

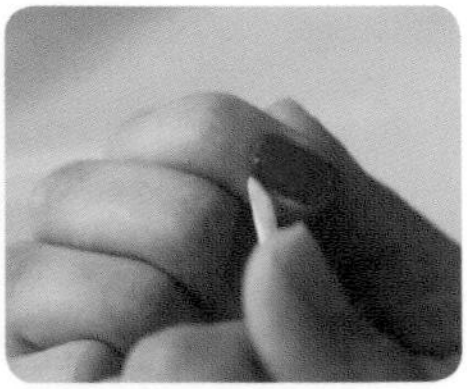

9 以橘棒沾去光水，修正畫出來的部分。

10 另一邊也一樣。將橘棒插進邊緣裡，拭除多餘的指甲油。

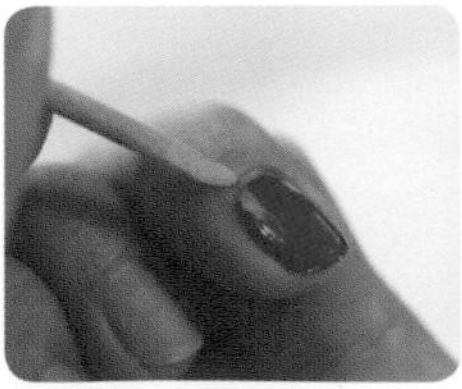

11 修正根部超出來的地方。重覆以上的動作，再塗一層。

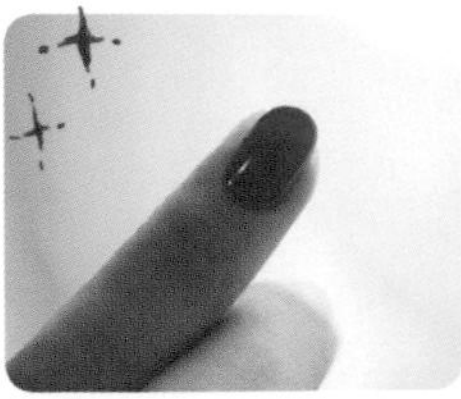

12 最後塗上Top Coat亮光指甲油。閃亮的指彩完成了！

塗上就能打造迷人雙手

塗上跟手模不相上下的色彩♡

果凍粉紅加強女孩的能量！

「指甲好像剛拋亮，亮晶晶。果凍粉紅也很適合上班族。」Nail Whitener／KOH（台灣未發售）

適度的刺激，更顯時尚

「鮮紅色最適合腳趾。還能讓腳看起來更漂亮。最適合休閒的裝扮。」華麗薔薇炫彩美甲油 #405／ANNA SUI

激發雙手透明感的魔法橘色！

「果凍橘色，塗了一定會被誇可愛的人氣色彩。短甲也一樣可愛。」絕色指甲油 CL-05／RMK Division

人氣桃花色，讓視線聚焦指尖

「成熟可愛的粉紅色，讓肌膚更迷人。微珠光給人好心情。」指彩蜜R #07／Jill Stuart Beauty

透亮的飽滿指尖

「效果接近真正的凝膠指甲。只要在前端點一些亮粉，再塗上這瓶，就很可愛了。」COFFRET D'OR 晶潤亮甲油N／Kanebo

宛如凝膠指甲般的光澤

「純真的粉紅色，讓指尖更美麗。任何時間、場合皆可使用。凝膠指甲的休息期間，我會使用這支。」水晶亮甲彩 PK-1／ettusais

時尚冠軍色，讓指甲走在流行端尖

「不會太時尚，也不會太可愛，恰到好處的顏色。多了幾分自在感，品味加分。」NAIL POLISH # Vanilla Break／ADDICTION BEAUTY（台灣未發售）

綻放女性魅力

從背後散發美人氣場

滑順裸肌與忍不住想摸一下的肩胛骨，散發美人氣場

我的愛用品！

「只要用雙手夾住就能鍛鍊肩胛骨。除了背之外，換個角度還能練到上臂和腰部，還能拉提胸部！」皮拉提斯環／私物

夾住就行了！

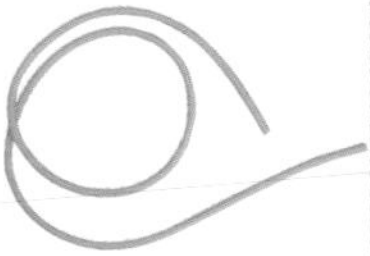

「將彈力管捲在手上，用力拉，即可練到背部曲線，練出纖細有彈力的肌肉。」彈力管／私物

用力拉就行了！

保養痘痘的身體乳液

「用於背部與鎖骨。修護偶爾冒出來的痘痘，保持健康肌膚！」身體馴痘噴霧EX／IPSA

重點是富彈力的肌肉以及圓潤的膚觸

迷人的背部不可以有贅肉，還要具備纖瘦突起的肩胛骨。只要不留神，背部一下子就水腫了，多了晃來晃去的贅肉。保持正確的姿勢，多鍛鍊肩胛骨，才能練出漂亮的肌肉。再利用溫和的保養，打造圓潤的膚觸與發光感。

鎖骨是臉的打光板！

保養鎖骨與脖子，讓妳變成巴掌臉與白肌

擁有滑嫩的鎖骨，可以發揮最強的反光效果，斑點、鬆弛和毛孔，也像打了光似的，全都消失了。放鬆鎖骨，讓鎖骨浮出來，再塗抹油類或微珠光，即可呈現誘人的的女人味。

1 塗抹按摩霜

按摩之前，先在鎖骨抹上乳霜。更滑順，防止肌膚摩擦。

2 用指腹推滑脖子

用指腹沿著脖子的肌肉，推滑老廢物質。由上往下推，重覆5次。

3 將老廢物質推滑至鎖骨的淋巴

指腹由鎖骨的兩側往中心按壓，每次按壓3秒。感覺像要把手指按進去。

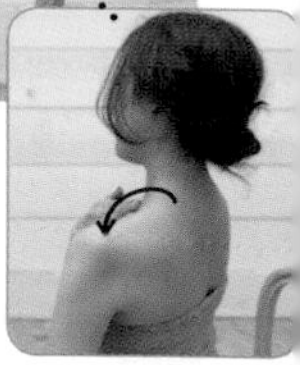

4 仔細推滑背上的老廢物質

從肩胛骨經過鎖骨，將老廢物質推滑至胸部中心。另一邊也用同樣的方式。

5 用手指緊緻輪廓

用指腹拉提臉部輪廓。輪廓緊實，美化脖子與鎖骨的線條。

6 鬆弛脖子，完成！

以手指畫圓，按摩頸部。鬆開直到耳朵後方，促進血液循環。

打造美麗鎖骨的身體乳霜

「滋潤、彈力、滑嫩的頸部專用霜。感覺肌膚好像會發光！晚上外出之前，我會用它來保養。」美頸霜50mℓ／希思黎

「雖然是油，質地卻很輕盈，很好用。按摩鎖骨一帶的淋巴，還能讓氣色更好！」樂活晶摩油／THREE

「全身都能使用的萬用油。玫瑰的香氣好迷人，還能促進女性荷爾蒙！讓乾燥肌水潤滑嫩。」野玫瑰護膚油／WELEDA（台灣未發售）

「包包必備的乳霜。擦完後肌膚滑嫩，我也喜歡它的優雅光澤。」Deep Whitening Neck Serum／Sonia Rykiel（台灣未發售）

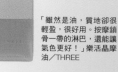

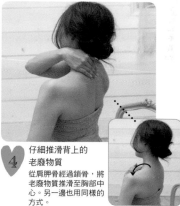

與柔軟勻稱腿

妳覺得腿是天生的嗎？其實，只要耍一點小心機，就能得到理想美腿。不需要什麼日常按摩與訓練！這個方法推薦給現在馬上就需要美腿的人！

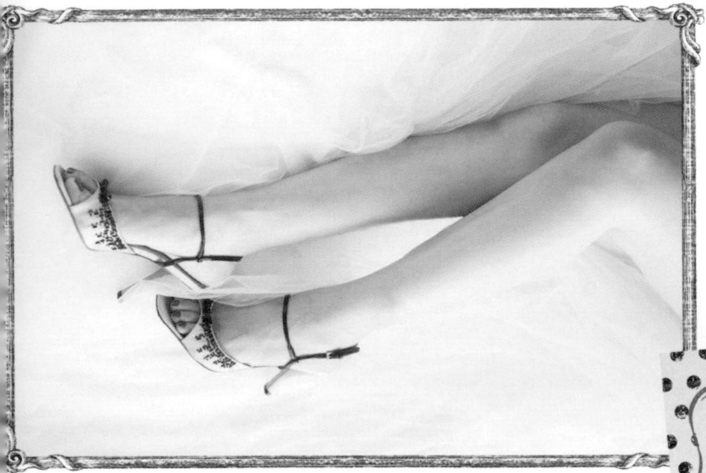

攝影棚常用的
技巧！

柔軟勻稱腿

什麼是
柔軟勻稱腿？

外在柔軟，內在緊實。女人味十足的雙腿。只要摸過一次，馬上就會被舒服的觸感擄獲，是一雙魔性美腿♡

How to Make 柔軟勻稱腿

將少許按摩油滴入身體乳中混合。更好推勻，容易吸收。

用手心溫熱，慢慢混勻。這麼做可以加強肌膚的滲透力！

從腳踝往上塗抹乳液。同時手指用力按壓。

用手指按壓膝蓋後方的穴道。排除老廢物質，消除雙腿浮腫。

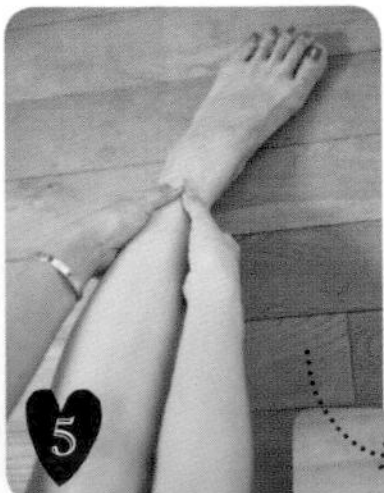

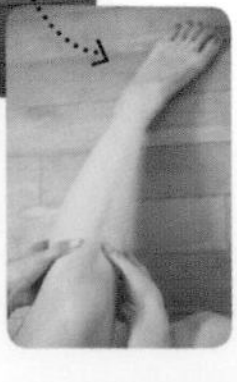

腿的前面也用同樣的方式，由下往上拉。用指腹按壓。

腿的後面也用指腹由下往上壓。消除水腫，變身為水嫩美腿！

柔軟勻稱腿的
必需品

**在家就能
體驗專業除毛！**

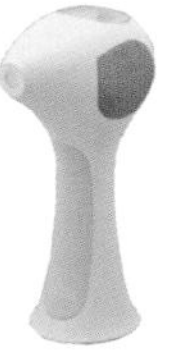

「自己在家DIY除毛的好用產品。只要三個月即可找回光滑肌膚，毛孔也縮小了！」雷射除毛機／tria beauty（台灣未發售）

玫瑰香氣
帶來好人緣

「兩瓶混合使用，打造理想的光澤肌膚！」玫瑰按摩油 100㎖、玫瑰身體乳 300㎖／皆為茱莉蔻

自信來自雙腿！

打造修長直腿

用油類與粉底
打造！

修長直腿

修長直腿的
必需品

想要加上帥氣的陰影請用

「在肌膚上輕掃一層，即可打造陰影。雙腿看起來更直、更修長！」小顏粉餅 NO.01／CANMAKE

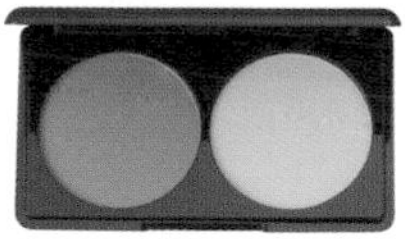

「用刷子在腿上掃一層，馬上完成緊實的纖長腿。」雙色修容餅No.30／MAKE UP FOR EVER

什麼是修長直腿？

看起來嚴格律己的帥氣雙腿，重點是肌肉感與纖細骨感。堅強與纖細並存的失衡感，更是散發女人味的秘訣。

How to Make 修長直腿

1 保養時一定要使用油類。加上光澤，才能呈現立體感，打造緊實雙腿！

2 用油類按摩腳背。以前小腿為中心，加入光澤。

3 在骨頭側面打陰影。刷上比膚色暗兩個色號的修容粉，加強纖瘦效果。

放任腿部水腫，腿只會越來越粗

改善「循環」，讓**雙腿**更纖細

水腫真的會讓腿變粗。從起床那一刻起，一直到夜晚，腿將會逐漸變粗，所以每天都要按摩哦！想到就按摩，也有不錯的效果。

腿一定會變細

如果每天都不消除水腫，置之不理的話，自己的腿真的會變粗。按摩可以改善水腫。持續按摩可以改善循環，腿一定會變細。最重要的是持之以恆。

混合四種精油，
有效打擊水腫！
「用它來按摩，對水腫很有效！肌膚好滑嫩，腿也更緊實了。」
舒活足部晶摩油／THREE

讓整天疲憊的雙腿
清涼暢快
「觸感舒暢，塗上之後馬上感到好輕鬆。除了就寢之前塗抹，白天雙腿勞累的時候，我也會塗。」Venadoron Gel／WELEDA（台灣未發售）

讓人眼睛為之一亮的美女，共通點是

「明眸」與「皓齒」

只要白眼球多了幾條紅色血管（血絲），皮膚好像變暗了，清潔感銳減。牙齒也一樣，泛黃或色素沈澱的牙齒，長得再美也要打個折扣。只要該白的地方保持潔白，美人度立刻增加50分。

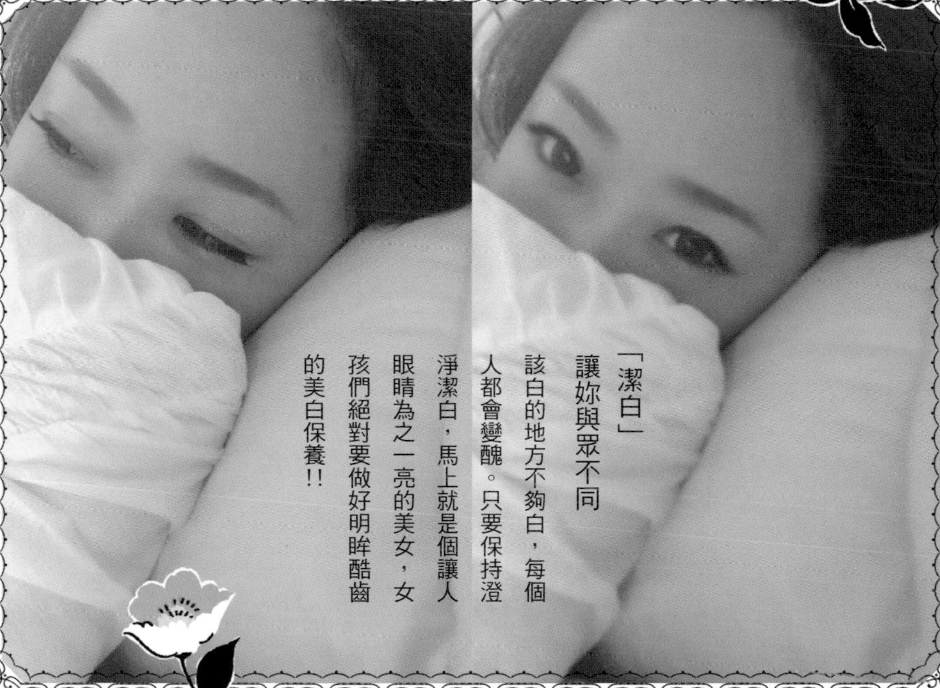

「潔白」讓妳與眾不同

該白的地方不夠白，每個人都會變醜。只要保持澄淨潔白，馬上就是個讓人眼睛為之一亮的美女，女孩們絕對要做好明眸酷齒的美白保養!!

優秀！

美白產品

居家輕鬆牙齒美白！

「消除染色物質，喚回白　透亮的牙齒！」居家美白組（含美白凝膠）聖蹟Sapia Tower Clinic東京再生醫療中心（台灣未發售）

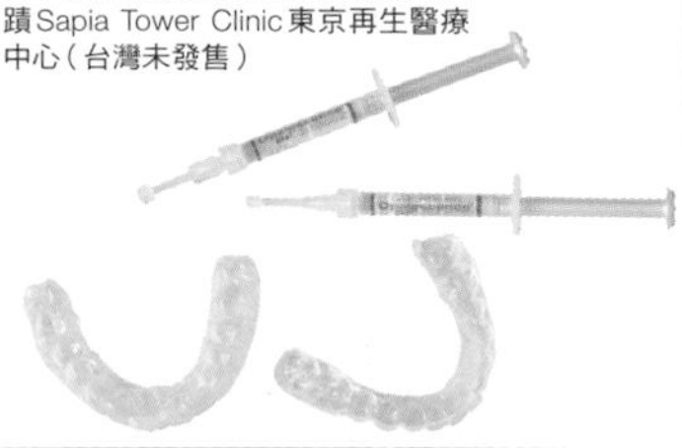

讓眼睛變白的茶飲

「消除雙眼疲勞，連白眼球都好亮。我的白眼球很容易充血，所以覺得效果不錯！」極上．決子明（10g×48包）／健康生活研究所（台灣未發售）

清除牙齒黃斑，馬上亮一個色號！

「效果立見，身邊使用過的朋友牙齒都好白！我會在重要時刻使用。」Whitening Sheet／本人私物

健康又明皙的雙眼！

「外出時會隨身攜帶，眼睛充血的時候滴一下。」Visine／武田藥品工業（台灣未發售）

讓別人問妳「妳好像變漂亮了！？」

如何度過泡澡時光

泡澡時光是讓自己身體更美麗的特別時間。
洗去當天的疲勞與壓力，讓自己吸收Happy能量。
在段時間好好慰勞自己，養成自己的美麗。

打造美人能量的泡澡步驟

1 先淋浴，溫熱身體後再入浴

在泡澡之前，先用蓮蓬頭沖洗各關節約10秒鐘，促進血液循環。

2 泡澡時要浸泡到肩膀以下

基本上泡15分鐘。瘦身時泡30分鐘。我會放入鎂鹽，進行15分鐘快速排毒。

3 用沐浴乳清潔

絕對不可以用粗硬的毛巾清潔身體！粗硬的毛巾會傷害肌膚，讓肌膚更乾燥，長斑、細紋、鬆弛、冒痘痘。

4 泡澡時深呼吸

再泡一次，深度放鬆。

5 輕柔拭乾水份

使用蓬鬆柔軟的毛巾，輕輕擦拭水份。馬上擦上身體乳或乳霜♡

少了它我活不下去的溺愛沐浴用品

「除了泡澡之外，還能放在房間當芳香劑！最適合送禮了。」洛可可之花沐浴珍珠禮盒 外盒，沐浴珍珠120顆／CARON（台灣未發售）

「按摩臉部之後，先泡澡再沖掉，臉色馬上變亮了！」黑糖光采精華面膜（洗淨式）／SKINFOOD

「質地完全符合舒芙蕾的名稱，非常蓬鬆。無花果的香氣添增女人味。」Fresh Fig Souffle Body Creme／laura mercier（台灣未發售）

「泡澡15分鐘，感覺毒素都排光了。我會視當天的心情，選擇不同的香味。」KSA Epsom Salt 玫瑰、德國洋甘菊、衣草（各300g）各／Aqua Bath（台灣未發售）

「石榴的香氣紓緩心靈！包裝也很可愛，放在浴室裡，看了就開心。」石榴沐浴鹽／聖塔瑪莉亞諾維拉香水製藥廠

「調理虛冷，加強代謝。讓妳睡個好覺。」Clarifying Bath Oil／PAUL SCERRI（台灣未發售）

光滑、
彈力、柔嫩

以豐臀為目標♡

打造可口的臀部

理想的臀部要豐滿、堅挺，摸起來很光滑。妳不覺得有立體感和肉感的臀部最可愛了嗎？按摩維持挺翹，去角質打造跟布丁一樣滑嫩的布丁臀吧！

如何打造滑嫩臀

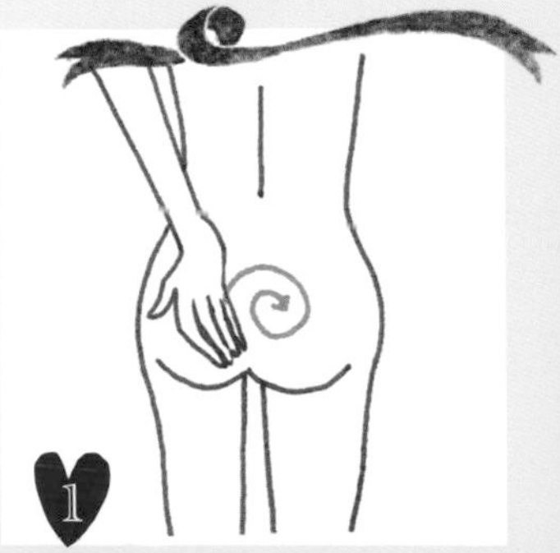

使用磨砂膏，由下往上以畫圓的方式按摩。

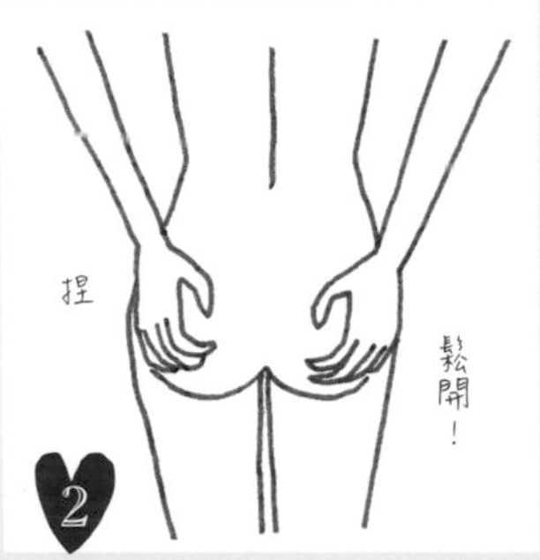

捏緊再鬆開，捏住後放手，一直持續做到發熱為止。連深層的肌肉都要捏到哦！

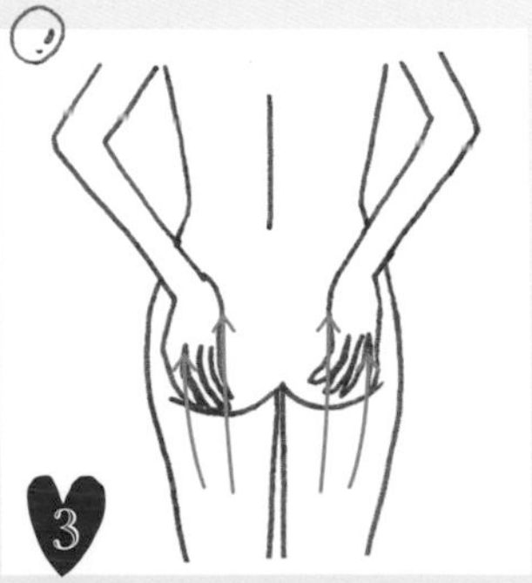

雙手包住大腿以上的肉，往腰部的方向拉提。

纖細是只有
女孩專用的可愛小心機

不用減肥
用小物立刻變身！

想要更纖瘦，請利用「巨大物品」與「極細物品」

纖細其實很奸詐。楚楚可憐、弱不禁風，又有點性感。擁有讓人想要好好疼惜的力量。所以女孩只要好好利用纖細感，也能讓人怦然心動

飾品讓妳更纖細

讓人看來最纖瘦的，是「大的東西」、「粗的東西」，還有相反的「非常纖細的東西」。效果非常好。

在臉部或是脖子、手腕、腳踝配戴這些飾品。例如圍一條大圍巾，就有小臉效果。當一個看來「天生纖瘦的美人」。

大帽子讓臉
更嬌小

大耳環
讓輪廓更俐落

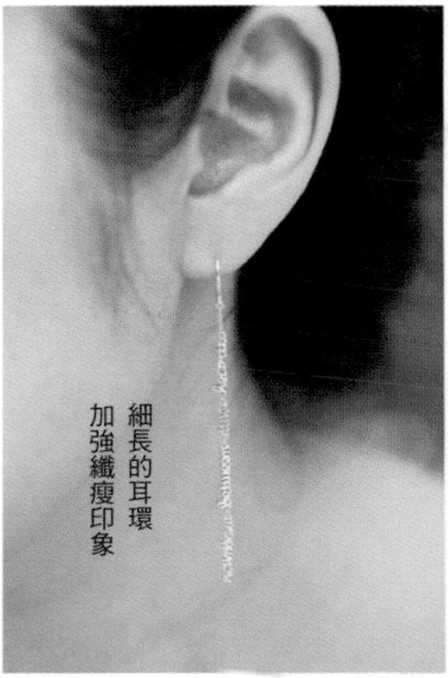

細長的耳環
加強纖瘦印象

花邊袖口
顯得手腕更纖細

與手環成對比的
細長手臂

戴多條手環，
顯瘦效果超強

纖細的項鍊
讓脖子更嬌弱

細細的腳鍊
讓腳踝更緊實！

這是讓人「心跳加速」的瞬間

放電姿勢講座

老套??沒別招了嗎??可是這幾招真的很有效!!
讓人心跳加速，緊緊抓住他的目光和心。有點害羞!?
可是偶爾設下圈套剛剛好

Scene 1 鬆開、束起頭髮

「將束起的頭髮鬆開，束起垂下的頭髮。」這一招在用餐前、坐在電腦之前都能派上用場。收緊和鬆開都是關鍵。

Scene 3 將頭髮撥到一邊，露出脖子

將頭髮撥到單邊的動作，是流露成熟女性魅力的技巧。不經意的展現努力保養的鎖骨與背後！

Scene 2 故意用雙手包住大杯子

用雙手拿大杯子，對著溫熱的飲料吹氣。像少女般天真無邪的模樣，讓他心跳加速♡

Scene 4 穿鞋的時候，單手壓住裙子。

壓住裙子，調整鞋子的動作。重點在於壓住裙子的右手。害羞的情色感，大部分的男性都會動心！

Scene 5 抱住大東西

抱住布偶或是抱枕等大東西，也是加分的重點。顯得自己更纖瘦，釋放需要受到保護的氣氛。

Scene 6 水汪汪向上看的眼神

向上看的眼神在男性的心動排行榜中名列前矛。撒嬌的視線，應該會讓他心動。拋開羞恥心，試試看吧！

Scene 7 將頭髮掛在耳後

將頭髮掛在耳後，不經意的強調充滿自信的側臉。一定要熟知自己哪一邊的臉比較漂亮。

只喝讓自己變美的飲品♥

實現美麗的美貌飲品

想要變漂亮，請喝一些對身體有益的美味飲品吧！有益身體的飲品，對肌膚、頭髮還有心靈也會帶來不錯的效果。所有入口的東西都要讓自己更美。公開滿足少女心的美貌飲品。

天然的抗氧化&抗老化飲品

「含豐富維生素C的“美白果汁”。自從媽媽開始飲用後，肌膚變得好白哦。」聖果沙棘100%果汁（720ml）／Slow Natural股份有限公司（台灣未發售）

利用補助食品補充不足的營養！

「我最喜歡將新鮮覆盆莓打成果汁了！以新鮮的水果為主，再從營養補助食品攝取不足的部分。」Raspberry Ketones／本人私物

美味的薑汁精華！

「我會淋在果凍或優格上享用。覺得虛冷的時候，則會泡成熱薑茶。」Ginger Syrup／Vedavie（台灣未發售）

不含咖啡因，兒童也能放心飲用！

「我喜歡喝咖啡，又怕暗沈，所以改喝這款。我喜歡它的溫和香氣。」Black Zinger玄米香琲盒裝（36包裝）／Cigario（台灣未發售）

香氣高雅的奢華飲品

「用蘇打水與碳酸水稀釋後，喝起來很像果汁。也可以混入吉利丁，製成果凍！」覆盆莓&玫瑰／英國CORDIAL（台灣未發售）

健康與美容的斷食法！

「我靠它來排毒。與其說減肥，我更重視健康與美容的效果。覺得身體都淨化了！」Fastzyme／Glory International（台灣未發售）

從內側解決女性公敵“虛冷”

「甜味適中，順口好喝。我都用蘇打水稀釋，真的很好喝。身體也變暖了。」Amino Rise plus 薑汁飲料 三溫生薑／福光屋（台灣未發售）

獨特的芹菜味，一上癮就戒不掉！

「飲用後可以消除疲勞，減輕壓力。我很堅持一定要在當天把流失的營養補回來。」單方花草茶 芹菜籽（種子部分，30g裝）／e-tisanes（台灣未發售）

降低惡膽固醇與中性脂肪！

「沒有奇怪的味道，很好入口，包裝也很可愛！還能對付體脂肪！」體脂肪對策綜合花草茶（70g）／德國Marienremedy自然療法小舖（台灣未發售）

推薦給不敢喝花草茶的人

「含玫瑰果與切丁果乾，甜甜的很好喝。喝的時候還能一邊吃果乾。」水果茶 蘋果（25g）／chinois茶館（台灣未發售）

Message

美人始於微小的『小發現』

妳是否曾經對著鏡子，想過：「咦？我今天好像比較可愛耶？」

「我好像比較可愛？」正是美女最大的起步點。重點在於如何利用覺得「比較可愛」的瞬間，湧現的興奮感與藏在其中的小暗示。

比平常的自己還可愛，這時自己身上已經充滿許多美女的要素了。例如將束起的頭髮放下來時，形成大波浪的捲度，或是畫得比平常還長的眼線，忘記夾睫毛，所以捲度有點朝下的睫毛……。

其實「美女」並不是靠完美五官與金錢堆砌出來的，而是自己潛力的平衡展現。

如果能夠聰明利用這些小發現，每個女孩都能徹底改頭換面，變成大美女。那股連身體和心靈都能暖化的興奮感，並不會就此冷卻。

乘著這股慢慢加溫的情緒，挑戰嶄新的色彩、保養、底妝或髮型，確實可以喚醒潛藏於自己體內的美麗。

每一個美女，都是由一點又一點的小發現累積而成的。唯有累積才能創造改變人生的巨大美麗。

每個女孩都擁有成為美女的才能。

只要喚醒妳的才能就行了。

本書給大家許許多多關於「發現」的啟發，衷心期望妳能在其中找到一項喚醒美人才能的契機……

感謝閱讀本書的各位讀者。還有部落格的讀者，以及美人講座的學生，沙龍的顧客，感謝你們總是給我許多美好的啟發。

最後要感謝谷口先生、阪口先生、川岸先生、小島先生，有了你們的支持，我才能全力完成本書。希代江小姐、順子小姐、中村先生，感謝你們拍出這麼漂亮的照片。前田小姐讓人揪心的造型實在是太強了。帶領我走向同一方向的編輯中野小姐，設計超乎我期望的矢部小姐，幫我在許多化妝品加上感想的末永小姐，以及遠真由。有了大家的關愛，我才能完成這本讓人期待萬分的書。打從心底向各位致謝。最後，我要感謝在任何時候都相信我，支持我的雙親與兒子們。

女孩該追求的身體，
是男性沒有的柔軟與滑順。

FURIKAKE

以及珍愛的流光浮影

Accessary

A

B

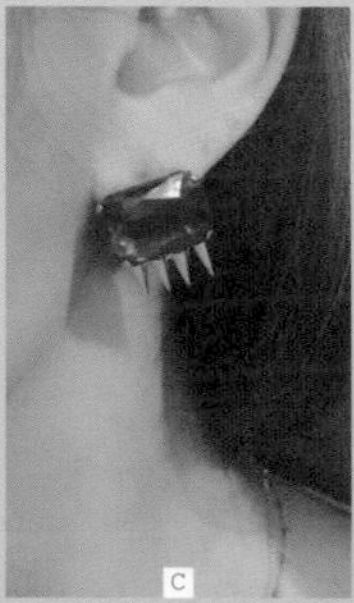
C

D

E

A 我愛亮色 × 花樣　B 我最常穿長洋裝配挽髮。別忘了用耳環加強小臉效果　C 帶刺的女人味　D 正在蒐集「gondoa」的蝴蝶飾品♥　E 亮晶晶是讓女孩變美的魔法

F

G

H

I

F Burberry的風衣搭配cher的披肩　G 我自己設計的小包包 搖曳的寶石與珍珠，隱含著「我要變美女」的心願……　H 我很迷相機，這是相機2號。目前已經排到10號　I 蕾絲耳環☆這也是我設計的。我做了好多「小臉耳環」現在正在製作「墜入情網耳環」

J

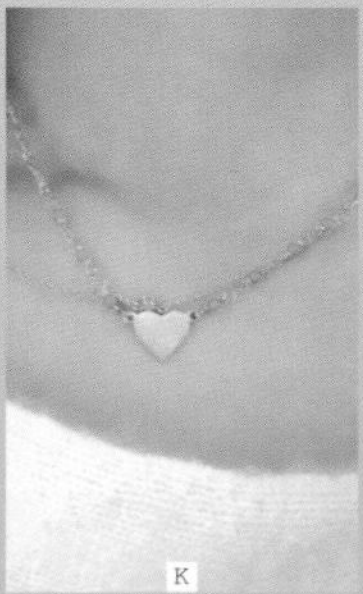
K

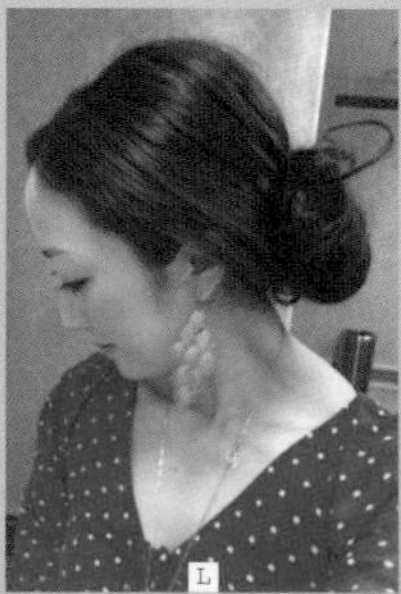
L

M

N

J FARMER的髮飾讓人忘了呼吸。每到韓國絕對要光顧的店　K 這條土耳其石項鍊總是不離身。這麼纖細真是太超過了　L 搖曳的耳環是我強調女人味的秘藥　M 大耳環配平口上衣，是女孩的特權　N「too much」的珍珠耳環。hug的字體實在是太可愛了

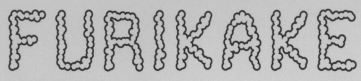

Megumi's

與大家分享我與日俱增的幸福，

Megane

A

B

C

A 喜歡戴眼鏡時的深度　B 愛車裡一定會放頭飾和愛心　C 抗UV鏡片完全不怕紫外線

D

E

F

G

D 橘棕色的髮色配玳瑁框眼鏡，讓肌膚多了透明感　E 露出額頭的丸子頭，搭配墨鏡感覺很自在　F 戴起來是這樣♪ 玩具般的可愛感深得我心　G 工作時會戴有度數的隱形眼鏡＋平光眼鏡，確保大眼睛

H

I

J

K

H 偶爾會戴墨鏡♪對我來說，墨鏡並不是為了時尚，而是為了保護肌膚　I 睡眠不足或雨天，氣色不好的時候會戴眼鏡遮醜　J 墨鏡配豹紋　K 輕飄飄大波浪的髮型，再也平凡不過的眼鏡也是一種策略的「魔道具」哦！

Fashion

F 偶爾會妝點指甲　G 觸動人心的禮法來自人心　H 我超愛綠色。從小就喜歡綠色，更甚於粉紅　I DIANE的洋裝♥身體在寬鬆洋裝裡游泳的感覺好棒

O DIESEL的牛仔褲配NINE的絲棉蕾絲。我會穿女性化的衣服來搭配牛仔褲　P See by Chloe的洋裝。為了穿無袖，我努力的按摩手臂　Q Converse的Allstar♥我超愛亮片、鉚釘、大寶石、帶刺的裝飾　R blugirl搭配H&M的手拿包♥這款手拿包看起來好自在　S 紫色×粉紅色的針織洋裝，放鬆時的愜意感也是我的小心機

Y 棉質洋裝配棒球帽也是我的日常穿搭♪　Z 弟弟的開學典禮穿的是Jill Stuart的雪紡洋裝。我的脖子比較短，一定會配無領外套　A 彩色棉質洋裝配條 針外。圖案的搭配好有趣　B 想玩又不想曬黑。正在蒐集可以套在泳裝外的罩衫

Megumi's FURIKAKE

A A HYSTERIC GLAMOUR的T恤洋裝配Chloe的外套♥ B 媽媽很久以前送我的美麗CHANEL♥已經變古董了 C 穿上溺愛的「milly」洋裝去兒子國中開學典禮 D 條紋×亮色搭配cher的披肩 E 一年300天都穿洋裝。這件洋裝的顏色和圖案都是我的菜，購於鵠沼海岸的「chou chou」♪

J 正好過臀的T恤是媽媽的好伙伴♪ K 愛上blugirl已經幾十年了。絕妙的甜美與帶刺感深得我心♥ L Repetto♥我這個小個子也撐得起低跟鞋 M 牛仔褲×蕾絲×珍珠。當女孩真好♥ N 穿上牛角扣外套好像又變回女孩了，好可愛

T「me」的洋裝。平口是讓女孩無條件變可愛的天才 U 我對自己的腿一直沒有信心。所以總是打扮得很可愛♥ V 我也喜歡寬鬆的感覺。好喜歡這頂HYSTERIC GLAMOUR帽子的形狀。看起來臉很小，又很適合我的髮型♪ W「milly」的蕾絲洋裝，大露背的設計，性感又可愛♥女孩一定要擁有一件靠美背迷死人的洋裝 X 兒子的畢業典禮，穿Chloe的小禮服。飾品統一採用珍珠。很喜歡珍珠溫潤的性感與優雅

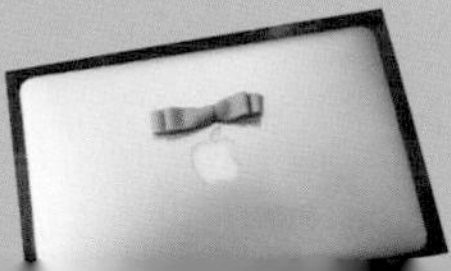

Mydear

E

F

G

E 每天結束都會眺望天空　F Jill Stuart的隨身鏡和雅詩蘭黛的口紅♥可愛的化妝品是每天happy的魔法　G 兒子是我的英雄。我人生中最重要的人

L

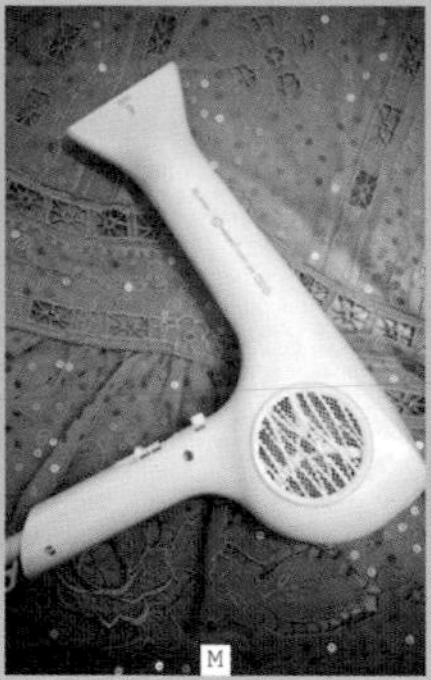
M

N

O

L 床上是我的秘密基地　M 愛用中的吹風機是HAHONIKO。頭髮好飄逸♥　N 便當♪在家吃飯或是帶便當都會準備大量蔬菜　O 和兒子傳接球是我每天的樂趣之一♥

T

U

V

W

T John masters organics的護髮乳和卡詩的髮膜。少了它們我就不知道該怎麼辦，它們讓我的頭髮充滿光澤♥　U benefit的身體乳霜。塗了會讓肌膚泛著光澤♥我會塗在鎖骨、肩膀、腿上。香味好好聞♥　V 現在最愛的護髮油。包裝和實力都很堅強　W 溺愛的laura mercier護手霜♥不管到哪都有人說「好香哦～～♥」又甜又性感的香氣，是女孩的最強武器♥

Make-up

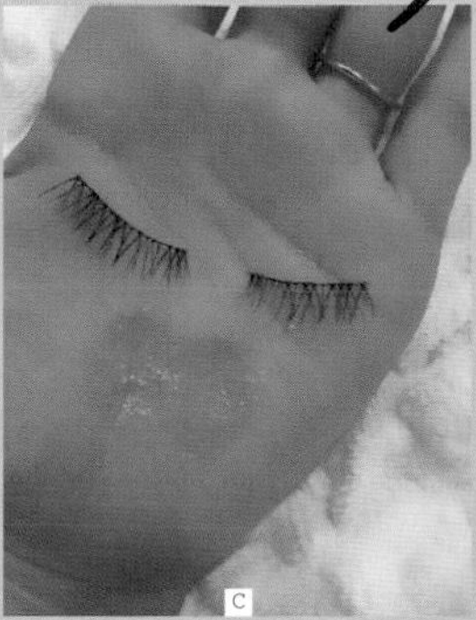

A Brooks Brothers的球拍圖案襯衫，真的好可愛♥ B 兒子的畫作♥兒子畫的、做的，全都是我的寶貝♥ C 看♥假睫毛和口紅也能這麼可愛♪ D 每年蠟燭增加的時候，總覺得有點高興又有點落寞。謝謝爸媽把我生下來

H 早上從一杯果汁開始。一定會放覆盆莓 I 在江之島的愛店。休息也需要勇氣 J CHANEL的腮紅根本是魔法級的可愛♥顏色和質感都很棒，忍不住要嘆氣了 K 用心保養鎖骨。穿衣服時就不用說了，連脫掉也要美美的

P 真的超超超喜歡!! 我總是在韓國大採購♥ Q 我以前很不喜歡我的自然捲。現在則是「有我的風格」，非常喜歡 R 彩妝道具都放在藤籃裡♥ S 繡球花楚楚可憐的憂鬱感，是我的理想

Shop List

A

RMK Division	0120-988-271
アイセイ	0120-579-570
アヴェダ	03-5251-3541
アクアベース	03-5833-3941
アクセーヌ	0120-12-0783
アディクション ビューティ	0120-586-683
アナ スイ コスメティックス	0120-735-559
アモーレパシフィック ジャパン	0120-570-057
アモーレパシフィックジャパンエチュード事業部	0120-964-968
アユーラ コミュニケーションスタジオ	0120-090-030
アリミノ	03-3363-8211
アルビオン	0120-114-225
e- ティザーヌ	http://www.e-tisanes.com/
イヴ・サンローラン・ボーテ	03-6911-8563
伊勢半	03-3262-3123
井田ラボラトリーズ	0120-44-1184
イプサお客さま窓口	0120-523543
インターモード川辺 フレグランス本部	0120-000-599
ヴェーダヴィ カスタマーセンター	0120-828228
ヴェレダ　お客さま相談室	0120-070601
エスティ ローダー	03-5251-3386
エテュセ	0120-074316
MTG	0120-467-222
エレガンス コスメティックス	0120-766-995
エンビロン・コールセンター（プロティア・ジャパン）	0120-085-048
オーピーアイジャパン	03-5772-3922
大山	0120-594-282

KA

花王	0120-165-691
カネボウ化粧品	0120-518-520
カバーマーク カスタマーセンター	0120-117133
キールズ	03-6911-8562
クオレ	0120-769-009
クラランス	03-3470-8545
クリニークお客様相談室	03-5251-3541
グローリー・インターナショナル	0120-195-878
ケラスターゼ	03-6911-8333
ゲランお客様窓口	0120-140-677
健康生活研究所	0742-20-5056
KohGenDo	0120-700-710
コージー本舗	03-3842-0226
コーセー	0120-526-311
コーセーコスメニエンス	0120-763-328
コスメティカ パシフィック リム	03-5484-3483
コスメデコルテ	0120-763-325
コティ・プレステージ・ジャパン	03-5413-1062
銀座ステファニー化粧品株式会社	0120-70-1110

NA

NARS JAPAN	0120-356-686
ニールズヤード レメディーズ	0120-554-565
日本かっさ協会	0467-23-6767
ネイチャーズウェイ	03-5909-5212
ネイチャーラボ	0120-155-335

HA

HACCI	0120-1912-83
パルファム ジバンシイ〔LVMH フレグランスブランズ〕	03-3264-3941
パンピューリジャパン	03-6380-1374
ピー・エス・インターナショナル	03-5484-3481
BCL お客様相談室	0120-303-820
フィッツコーポレーション	03-6892-1332
フォルテ	0422-22-7331
福光屋	0120-003-076
フードコスメ	03-5524-8908
ブルーベル・ジャパン	03-5413-1070
ブルジョワ	0120-791-017
プロジエ	03-6690-8599
ベキュア お客様相談室	0120-941-554
ヘレナ ルビンスタイン	03-6911-8287
ペンハリガン ジャパン	03-5216-4930
ポーラお客さま相談室	0120-117111
ポール & ジョー ボーテ	0120-766-996
ボビイ ブラウン	03-5251-3485

MA

M・A・C お客様問い合わせ先	03-5251-3541
マックス ファクター	0120-021325
ミルボンお客様窓口	0120-658-894
メイベリン ニューヨークお客様相談室	03-6911-8585
モルトベーネお客様相談室	03-3204-0111
モロッカンオイル ジャパン株式会社	0120-440-237
メイクアップフォーエバー	03-3263-9321

YA RA WA

YON-KA	03-6447-1187
ランコム	03-6911-8151
リンメル	0120-878-653
レ・メルヴェイユーズ ラデュレ	0120-818-727
ローラ メルシエ	0120-343-432
YC プライマリー	03-3703-7336
ワコール	0120-307-056

ヘアアクセ協力　コレットマルーフ　03-3499-0077
http://www.colettemalouf.jp/

ブラシ協力　yopico yoppy（ネイル・デコアーティスト / モデル）
P141 右列上から 2 つ目写真のロングピアスと 3 つ目の写真のブレスレット　SIGN & SEAL　03-6228-7145

SA

ザ・パフューマリー & Co.	078-862-1146
SABON Japan	0120-380-688
サンタ・マリア・ノヴェッラ丸の内	03-3211-2811
CP コスメティクスお客様相談室	03-5462-1761
シガリオ	03-5511-8871
シゲタ ジャパン	0120-945-995
シスレージャパン	03-5771-6217
資生堂お客さま窓口	0120-81-4710
シノワ茶館	090-9364-1524
ジャパンイーポージング	03-6277-4234
シャンティ	0120-56-1114
シュウ ウエムラ	03-6911-8560
ジュリーク・ジャパン	0120-400-814
シュワルツコフ プロフェッショナル	03-3472-3078
ジョージオリバー	03-3505-7853
ジョーマローンロンドン	03-5251-3541
ジョンソン・エンド・ジョンソン ビジョンケア カンパニー	0120-132-308
ジルスチュアート　ビューティ	0120-878-652
SUSIE N.Y. DIVISION	03-3262-3454
シンワコーポレーション	0120-717-617
スカイ・グループ	0120-13-1370
スタイラ	0120-207-217
スタイラ クエストランド	03-6450-4445
スタジオグラフィコ	0120-498-177
THREE	0120-898-003
スローナチュラル株式会社	0120-19-3218
聖蹟サピアタワークリニック	03-5218-2202
セザンヌ化粧品	0120-55-8515
ソニア リキエル ボーテお客様相談室	0120-074-064
W and P	03-6416-9790

TA

武田薬品工業ヘルスケアカンパニーお客様相談室	0120-567-087
W and P	03-6416-9790
T-Garden	0120-4123-24
DHC	0120-333-906
ディー・アップ	03-3479-8031
Dolocy	03-5860-8151
デリカフローラ	03-5485-1580
ドイツ・マリエン薬局自然療法ショップ	http://www.marienremedy.com
ドゥ・ラ・メールお客様相談室	03-5251-3541
ドクターケイ	0120-68-1217
ドクターシーラボ	0120-371-217
トム フォード ビューティ	03-5251-3541
トリア・ビューティお客様サポートセンター	0120-917-380

special thanks

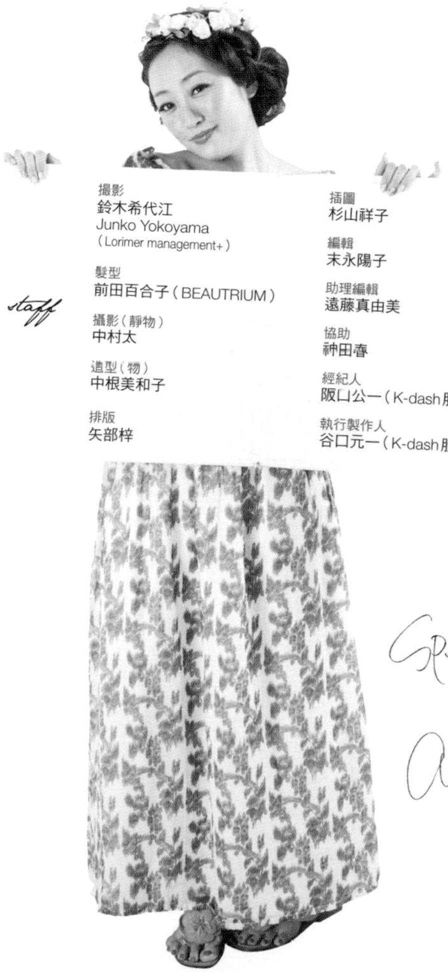

staff

攝影
鈴木希代江
Junko Yokoyama
(Lorimer management+)

髮型
前田百合子 (BEAUTRIUM)

攝影 (靜物)
中村太

造型 (物)
中根美和子

排版
矢部梓

插圖
杉山祥子

編輯
末永陽子

助理編輯
遠藤真由美

協助
神田春

經紀人
阪口公一 (K-dash股份有限公司)

執行製作人
谷口元一 (K-dash股份有限公司)

Special Thanks♡
Ami Nakane…♡

PROFILE

神崎恵 (Kanzaki Megumi)

1975年生。mnuit總監。美人生活設計師，同時也是13歲與9歲男孩的母親。擁有眉毛／睫毛設計師證照。發揮婚禮規劃師的知識，從日常生活以至於特別的瞬間，協助每一位女性在各種場合綻放美麗光彩。

現任「mnuit」工作室總監，針對每一位客人提出適合的彩妝與生活風格，同時於各大雜誌、網路連載，執筆書籍，並設計一些豐富生活的道具。

只推薦自己試用過後，覺得真正好用的產品，她的風格受到各個年齡層的支持。

神崎恵的官方部落格　http://ameblo.jp/kanzakimegumi/

TITLE

妳怎麼又變可愛了？

STAFF

出版　瑞昇文化事業股份有限公司
作者　神崎恵
譯者　侯詠馨

總編輯　郭湘齡
責任編輯　黃雅琳
文字編輯　黃美玉　黃思婷
美術編輯　謝彥如
排版　執筆者設計工作室
製版　明宏彩色照相製版股份有限公司
印刷　桂林彩色印刷股份有限公司
法律顧問　經兆國際法律事務所　黃沛聲律師

戶名　瑞昇文化事業股份有限公司
劃撥帳號　19598343
地址　新北市中和區景平路464巷2弄1-4號
電話　(02)2945-3191
傳真　(02)2945-3190
網址　www.rising-books.com.tw
Mail　resing@ms34.hinet.net

初版日期　2015年3月
定價　250元

國家圖書館出版品預行編目資料

妳怎麼又變可愛了？/ 神崎恵著；侯詠馨譯. --
初版. -- 新北市：瑞昇文化, 2015.03
160面 ;14.8 X21公分

ISBN 978-986-401-010-3(平裝)
1.美容
425　　104002008